《C 语言课程训练体系》
编写组

主编： 李华风　　褚　伟

参编： 李建宏　梅　苹　屈　静　佘勇军

　　　　 曲俊红　朱婉吟　吴启明

前　言

C语言功能丰富、表达能力强、使用灵活、应用面广，具有高级语言的优点，又具有低级语言的许多特点。"C语言程序设计基础"课程是中职学校学生参加计算机类技能高考的必修课程，在490分的专业课总成绩中占40分，在学习过程中学生感觉难度大，所以只有通过反复练习才能更好地理解结构化编程思想。

本书注重中职学生的认知规律，吸收中职计算机教学经验，注重知识的运用，突出职业特色，注重基础性，强调应用能力。编写内容起点低、坡度缓，既符合大纲和考纲的要求，又能满足各个层次学生的需要。

本书按章节顺序编写，与高等教育出版社出版的中等职业教育课程改革国家规划新教材《C语言程序设计基础》同步，以知识点为单位编写，每一个知识点选取了适量习题，还标明了难度系数，以适应不同层次水平的学生练习。每章前面都配有知识结构框图，帮助学生建立整个知识结构体系。

本书由武汉市财政学校的教学一线教师编写，由李华风、褚伟老师担任主编，参加编写的有李建宏、梅苹、屈静、佘勇军、曲俊红、朱婉吟和吴启明等老师。

本书在编写中得到了武汉市财政学校领导的关怀与指导以及教务科、各专业教研室大力支持，在此一并表示感谢。

由于编者水平有限，加之编写时间仓促，书中难免有不妥之处，恳请广大读者批评指正。

编　者
2019 年 10 月

目　　录

第1章 C语言发展及开发环境

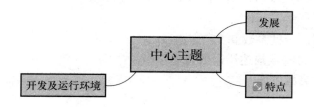

知识目标

1. 了解 C 语言的发展及应用。

2. 了解计算机语言的分类。

3. 了解 C 语言的特点。

4. 了解简单 C 语言程序的基本结构。

5. 掌握在 Visual C++ 6.0 环境下,进行 C 语言源程序的创建、编辑、编译、运行、保存等基本操作。

6. 能够利用 Visual C++ 6.0 来发现并修正常见的 C 语言程序错误。

1.1 C语言发展历史及特点

选择题 1. (3 分,难度系数 0.9)

1978 年美国( )正式发表了 C 语言。

A. 劳伦斯伯克利国家实验室(LBNL)

B. 电话电报公司(AT&T)贝尔实验室

C. 橡树岭国家实验室(ORNL)

D. 阿贡国际实验室(ANL)

选择题 2. (3 分,难度系数 0.75)

C 语言是在( )语言的基础上设计出的一种计算机语言。

A. BCPL   B. BASIC   C. FORTRAN   D. C++

选择题 3. (3 分,难度系数 0.75)

以下关于 C 语言发展历史描述错误的是( )。

A. 1970 年,美国贝尔实验室以 BCPL 语言为基础,设计出很简单且很接近硬件的 B 语言(取 BCPL 的首字母),并且用 B 语言写了第一个 UNIX 操作系统

B. 1972 年,美国贝尔实验室的 D. M. Ritchie 在 BASIC 语言的基础上最终设计出了一种新的语言,这就是 C 语言

C. 1978 年,美国电话电报公司(AT&T)贝尔实验室正式发表了 C 语言

D. 1990 年,国际标准化组织 ISO(International Organization for Standards)接受了 89 ANSI C 为 ISO C 的标准(ISO 9899—1990)

选择题 4.(3 分,难度系数 0.9)
以下关于 C 语言特点描述错误的是(　　)。
A. 简洁紧凑、灵活方便
B. 运算符丰富
C. 是结构式语言
D. C 语法限制太严格、程序设计自由度不大

选择题 5.(3 分,难度系数 0.9)
相较于以前的语言,C 语言的最大优点是(　　)。
A. 数据结构丰富
B. 运算符丰富
C. 可以对位、字节和地址进行操作
D. 适用范围大,可移植性好

选择题 6.(3 分,难度系数 0.9)
以下关于 C 语言描述错误的是(　　)。
A. UNIX 第 5 版以后完全是用 C 语言编写的
B. C 语言具有绘图能力强,可移植性,并具备很强的数据处理能力,因此适于编写系统软件
C. C 语言可以像汇编语言一样对位、字节和地址进行操作
D. C 语言是结构式编程语言

选择题 7.(3 分,难度系数 0.9)
C 语言的关键字共有(　　)个。
A. 30	B. 31
C. 32	D. 33

选择题 8.(3 分,难度系数 0.9)
C 语言的控制语句共有(　　)个。
A. 7	B. 8
C. 9	D. 10

选择题 9.（3 分,难度系数 0.9）

C 语言的运算符共有(　　)个。

A. 31

B. 32

C. 33

D. 34

选择题 10.（3 分,难度系数 0.75）

以下关于 C 语言描述错误的是(　　)。

A. C 语言用函数作为程序模块以实现程序的模块化

B. C 语言中整形量与字符型数据以及逻辑型数据可以通用

C. C 语言允许直接访问物理地址,能进行位操作,可以直接对硬件进行操作

D. C 语言生成的目标代码质量高,程序执行效率比汇编程序高

选择题 11.（3 分,难度系数 0.75）

下列关于 C 语言程序的说法中,错误的是(　　)。

A. C 语言程序书写格式比较自由,一个语句可以分别写在多行上

B. 函数是 C 程序的基本单位

C. C 语言程序规定每条语句以分号(;)结束

D. 在 C 语言程序中,注释说明只能位于一条语句的后面

选择题 12.（3 分,难度系数 0.9）

在 C 语言中,源程序的扩展名是(　　)。

A. .c

B. .obj

C. .exe

D. .dsp

1.2　C 语言程序开发环境 Visual C++ 6.0

选择题 1.（3 分,难度系数 0.75）

以下关于 Visual C++ 6.0 描述错误的是(　　)。

A. 是由 SUN 公司在 1998 年发行的 C/C++开发工具

B. 提供编辑 C 语言、C++以及 C++/CLI 等编程语言

C. 是一款功能强大的可视化软件开发工具

D. 集程序的代码编辑、程序编译、连接和调试等功能于一身

选择题 2.（3 分,难度系数 0.75）

安装 Visual C++ 6.0 时,要运行的是(　　)。

A. readme. txt

B. setup. exe

C. autorun. inf

D. sn. txt

选择题 3.（3 分，难度系数 0.75）

以下关于 Visual C++ 6.0 的使用描述错误的是（　　　）。

A. 在 Visual C++ 6.0 环境下，可以进行创建、编辑、保存 C 语言源程序的基本操作

B. 在 Visual C++ 6.0 环境下，可以进行基本的 C 语言源程序调试、运行

C. Visual C++ 6.0 可以发现并修正一些简单的 C 语言程序错误

D. 在 Visual C++ 6.0 环境下，只要 C 语言程序编译完成后就不会有错

第 2 章　C 语言程序设计基础

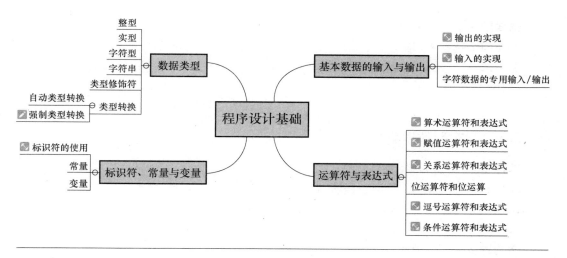

知识目标

1. 认识 C 语言的关键字。
2. 掌握 C 语言标识符的命名规则。
3. 会定义常量与变量。
4. 了解各类型变量及其存储方式。
5. 了解运算符和表达式的基本概念。
6. 了解运算符的优先级和结合性的应用规则。
7. 掌握算术运算符、赋值运算符及其表达式的使用方法。
8. 掌握关系运算符、逻辑运算符及其表达式的使用方法。
9. 掌握条件运算符、逗号运算符及其表达式的使用方法。
10. 了解位运算符及其表达式的使用方法。
11. 了解不同类型数据混合运算的规则。

2.1　数据类型

2.1.1　整型数据类型

选择题 1.（3 分,难度系数 0.9）
在 C 语言中,基本数据类型包括(　　　)。

A. 整型、实型、逻辑型   B. 整型、实型、字符型
C. 整型、字符型、逻辑型   D. 字符型、实型、逻辑型

选择题 2.（3 分,难度系数 0.9）
在 C 语言中,int 类型变量所占字节数是(   )。
A. 1   B. 2   C. 3   D. 4

选择题 3.（3 分,难度系数 0.75）
下面四个选项中,均是不正确的八进制或十六进制数的选项是(   )。

A. 016   B. 0abc   C. 010   D. 0a12
   0x8f   017   −0x11   7ff
   018   0xa   0x16   −123

2.1.2　实型数据类型

选择题 1.（3 分,难度系数 0.9）
在 C 语言中,double 类型数据所占字节数为(   )。
A. 12   B. 8   C. 4   D. 16

选择题 2.（3 分,难度系数 0.75）
下面四个选项中,均是不合法浮点数的选项是(   )。

A. 160.   B. 123   C. −018   D. −e3
   0.12   2e4.2   123e4   .234
   e3   .e5   0.0   1e3

选择题 3.（3 分,难度系数 0.9）
下列数据中,不合法的 C 语言实型数据是(   )。
A. 0.123   B. 123e3   C. 2.1e3.5   D. 789.0

2.1.3　字符型数据类型

选择题 1.（3 分,难度系数 0.9）
putchar 函数可以向终端输出一个(   )。

A. 整型变量表达式值

B. 实型变量值

C. 字符串

D. 字符或字符型变量值

选择题 2.（3 分,难度系数 0.9）
在 C 语言中,char 型数据在内存中的存储形式是(   )。
A. 补码   B. 反码   C. 原码   D. ASCII 码

选择题 3.（3 分,难度系数 0.75)

可以使用(　　)输入字符型数据。（多选）

A. putchar(c);

B. getchar(c);

C. getchar();

D. scanf("%c",&c);

2.1.4　字符串

填空题 1.（3 分,难度系数 0.75)

字符串" ab\n\\012\\\"的有效长度是_____。

填空题 2.（3 分,难度系数 0.6)

在 C 语言中,' A'与" A"的区别为_____。

填空题 3.（3 分,难度系数 0.9)

在 C 语言中,输出字符串的函数有_____和_____。

2.1.5　基本数据类型修饰符

填空题 1.（3 分,难度系数 0.75)

在 C 语言中,基本数据类型修饰符有

_____

填空题 2.（3 分,难度系数 0.75)

当要表示某个整型常数为长整型时,可直接在该数后面加_____。

填空题 3.（3 分,难度系数 0.6)

以下程序段输出结果是_____。

```
main()
{int x1=32767,y1=32769;
 short x2=32767,y1=32769;
 printf(" x1=%d,x2=%d\ny1=%d,y2=%d",x1,x2,y1,y2);
}
```

2.1.6　自动数据类型转换

填空题 1.（3 分,难度系数 0.75)

表达式 3.5+1/2 的计算结果是____。

选择题 2.（3 分,难度系数 0.75)

若有定义语句"int x=12,y=8,z;"在其后执行语句"z=0.9+x/y;",则 z 的值为(　　)。

A. 2. 4 B. 2 C. 1. 9 D. 1

选择题 3.(3 分,难度系数 0.75)
表达式 3.6−5/2+1.2+5％2 的值是( )。
A. 4. 8 B. 4. 3 C. 3. 8 D. 3. 3

2.1.7 强制数据类型转换

选择题 1.(3 分,难度系数 0.75)
表达式(int)((double)9/2)−(9)％2 的值是( )。
A. 0 B. 3 C. 4 D. 5

选择题 2.(3 分,难度系数 0.75)
下列程序段的输出结果中,i 的值是( )。
main()
{float x=3.6;
int i;
i=(int)x;
printf(" x=％f,i=％d",x,i);
}
A. 3 B. 3. 6 C. 3. 600000 D. 4

填空题 3.(3 分,难度系数 0.75)
表达式(int)(double(5/2)+2.5)的值是____。

2.2 标识符

2.2.1 标识符的概念

选择题 1.(3 分,难度系数 0.9)
以下选项中,能用作用户标识符的是( )。
A. void B. 8_8 C. _0_ D. unsigned

选择题 2.(3 分,难度系数 0.75)
下列标识符中,合法的有( )个。
elsewhat ＃ $ 123 34a a34 a_b a−b if
A. 4 B. 5 C. 6 D. 7

选择题 3.(3 分,难度系数 0.6)
下列标识符中,属于关键字的是( )。

A. printf   B. FOR   C. int   D. _00

2.2.2 常量的概念

选择题 1.(3分,难度系数 0.6)
以下选项中,能用作数据常量的是(   )。
A. o115   B. 0118   C. 1.5e1.5   D. 115L

选择题 2.(3分,难度系数 0.6)
以下选项中不能作为 C 语言合法常量的是(   )。
A. 'cd'   B. 0.1e+6   C. "\a"   D. '\011'

选择题 3.(3分,难度系数 0.9)
以下选项中不属于字符常量的是(   )。
A. 'C'   B. "C"   C. '\XCC0'   D. '\072'

2.2.3 变量的概念

选择题 1.(3分,难度系数 0.9)
下列定义变量的语句中错误的是(   )。
A. float US$;   B. double int_;   C. char For;   D. int _int;

选择题 2.(3分,难度系数 0.9)
以下选项中,变量被正确定义的语句是(   )。
A. double a=7,b=7;   B. double a;b;
C. double,a,b;   D. double a=b=7;

选择题 3.(3分,难度系数 0.75)
关于 C 语言的变量,以下叙述中错误的是(   )。
A. 由三条下划线构成的符号名是合法的变量名
B. 所谓变量,是指在程序运行过程中其值可以被改变的量
C. 程序中用到的所有变量都必须先定义后才能使用
D. 变量所占的存储单元地址可以随时改变

2.3 基本数据的输入与输出

2.3.1 输出的实现

填空题 1.(3分,难度系数 0.9)
下列程序段的输出结果是____。
main( )
{int a=3,b=4;

```
printf("%%d,\n",a );
printf("%d",b );
}
```

选择题 2.（3 分,难度系数 0.75）
下列程序段输出结果正确的是（　　　）。
```
main( )
{int x=12;
double y=3.141593;
printf("%d%8.5f",x ,y);
}
```
A. 12   B. 123.14159
C. 12,3.141593   D. 12 3.14159　3.14159

填空题 3.（3 分,难度系数 0.9）
下列程序段的输出结果是____。
```
main( )
{int a=1,b=0;
printf("%d\n",b=a+b);
printf("%d\n",a=2 * b);
}
```

2.3.2　输入的实现

选择题 1.（3 分,难度系数 0.9）
若变量已正确说明为 int 类型,要给 a、b、c 输入数据,以下正确的输入语句是（　　　）。
A. read(a,b,c);
B. scanf("%d%d%d",a,b,c);
C. scanf("%D%D%D",&a,&b,&c);
D. scanf("%d%d%d",&a,&b,&c);

填空题 2.（3 分,难度系数 0.75）
有以下程序段:
```
main()
{int a,b,c;
scanf("%d%d%d",&a,&b,&c);
printf(" a=%d,b=%d,c=%d\n",a,b,c);
}
```
当通过键盘输入 123 45 678 并按回车键后,运行结果为____。

填空题 3.（3 分,难度系数 0.75）

有以下程序段:

main()

{int a,b,c;

scanf("%d%*d%d%d",&a,&b,&c);

printf(" a=%d,b=%d,c=%d\n",a,b,c);

}

当通过键盘输入 12 34 56 78,并按回车键后,运行结果为____。

2.3.3　字符数据的专用输入/输出

选择题 1.（3 分,难度系数 0.9）

在 C 语言中,字符型(char)数据在内存中的存储形式是(　　)。

A. 反码　　　　　　　B. 补码　　　　　　　C. EBCDIC 码　　　　D. ASCII 码

选择题 2.（3 分,难度系数 0.75）

设有语句"char a="\72"",则变量 A(　　)。

A. 包含 1 个字符　　　B. 包含 2 个字符　　　C. 包含 3 个字符　　　D. 说明不合法

选择题 3.（3 分,难度系数 0.6）

以下程序的输入结果是(　　)。

main()

{char c1='a',c2='y';

printf("%d,%d\n",c1,c2);

}

A. 因输入格式不合法,无正确输出　　　　　B. 65,90

C. A,Y　　　　　　　　　　　　　　　　D. 65,89

2.4　运算符与表达式

2.4.1　算术运算符和算术表达式

2.4.2　赋值运算符和赋值表达式

2.4.3　关系运算符和关系表达式

2.4.4　位运算符和位运算

2.4.5　逗号运算符和逗号表达式

2.4.6　条件运算符和条件表达式

选择题 1.（3 分,难度系数 0.9）

在 C 语言中,表达式 $v=\dfrac{1}{3}\pi r^2 h$ 可以写成(　　)。

A. v＝PI＊r＊r＊h/3   B. v＝1.0/3＊PI＊r^2h

C. v＝1/3＊PI＊r＊r＊h   D. v＝PI＊r^2h/3

选择题 2.（3分,难度系数0.9）

算术运算符、赋值运算符和关系运算符的运算优先级按从高到低依次为（   ）。

A. 算术运算、赋值运算、关系运算

B. 算术运算、关系运算、赋值运算

C. 关系运算、赋值运算、算术运算

D. 关系运算、算术运算、赋值运算

选择题 3.（3分,难度系数0.9）

逻辑运算符中,运算优先级按从高到低依次为（   ）。

A. &&,!,|| B. ||,&&,!   C. &&,||,!   D. !,&&,||

选择题 4.（3分,难度系数0.75）

表达式! x||a＝＝b 等效于（   ）。

A. !((x||a)＝＝b)   B. !(x||y)＝＝b

C. !(x||(a＝＝b))   D. (! x)||(a＝＝b)

选择题 5.（3分,难度系数0.75）

设整型变量 m、n、a、b、c、d 均为1,执行 (m＝a＞b)&&(n＝c＞d)后, m、n 的值是
（   ）。

A. 0,0   B. 0,1   C. 1,0   D. 1,1

选择题 6.（3分,难度系数0.6）

设有语句"int a＝3;",则执行了语句"a＋＝a－＝a＊＝a;"后,变量 a 的值是（   ）。

A. 3   B. 0   C. 9   D. －12

选择题 7.（3分,难度系数0.9）

在以下一组运算符中,优先级最低的运算符是（   ）。

A. ＊   B. !＝   C. ＋   D. ＝

选择题 8.（3分,难度系数0.6）

设整型变量 i 值为2,表达式(＋＋i)＋(＋＋i)＋(＋＋i)的结果是（   ）。

A. 6   B. 12   C. 15   D. 表达式出错

选择题 9.（3分,难度系数0.75）

若已定义 x 和 y 为 double 类型,则表达式 x＝1、y＝x＋3/2 的值是（   ）。

A. 1   B. 2   C. 2.0   D. 2.5

选择题 10.（3 分,难度系数 0.75）

设 a＝1、b＝2、c＝3、d＝4,则表达式"a＜b? a：c＜d? a：d"的结果为（   ）。

A. 4   B. 3   C. 2   D. 1

选择题 11.（3 分,难度系数 0.9）

设 a 为整型变量,不能正确表达数学关系"10＜a＜15 "的 C 语言表达式是（   ）。

A. 10＜a＜15

B. a＝＝11||a＝＝12 || a＝＝13 || a＝＝14

C. a＞10 && a＜15

D. !（a＜＝10）&& !（a＞＝15）

选择题 12.（3 分,难度系数 0.9）

设 f 是实型变量,下列表达式中不是逗号表达式的是（   ）。

A. f＝3.2,1.0   B. f＞0, f＜10   C. f＝2.0, f＞0   D. f＝(3.2, 1.0)

选择题 13.（3 分,难度系数 0.75）

设 ch 是 char 型变量,其值为 'A',则下面表达式的值是（   ）。

ch＝(ch＞＝'A' && ch＜＝'Z')?(ch＋32):ch

A. A   B. a   C. Z   D. z

选择题 14.（3 分,难度系数 0.9）

以下运算符中,结合性与其他运算符不同的是（   ）。

A. ++   B. %   C. /   D. ＋

选择题 15.（3 分,难度系数 0.9）

以下用户标识符中,合法的是（   ）。

A. int   B. nit   C. 123 B)   D. a＋b

选择题 16.（3 分,难度系数 0.9）

在 C 语言中,要求运算对象只能为整数的运算符是（   ）。

A. %   B. /   C. ＞   D. *

选择题 17.（3 分,难度系数 0.9）

在逻辑运算中,逻辑运算符按优先次序排列的是（   ）。

A. ||（或） &&（与）!（非）   B. !（非）||（或） &&（与）

C. !（非） &&（与）||（或）   D. &&（与）!（非）||（或）

选择题 18.（3 分,难度系数 0.9）

在 C 语言中,下列运算符的操作数必须是 int 类型的运算符是（   ）。

A. ％   B. ／   C. ——   D. ＋＋

选择题 19.（3 分，难度系数 0.9）
下列运算符中优先级最高的是（   ）。
A. ^   B. ＋   C. ＆   D. ｜

选择题 20.（3 分，难度系数 0.9）
整型变量 x 和 y 的值相等，且为非 0 的值，则以下选项中，结果为零的表达式
是（   ）。
A. x‖y   B. x｜y   C. x＆y   D. x^y

选择题 21.（3 分，难度系数 0.9）
判断 char 类型数据 c1 是否为大写字母的最简单且正确的表达式为（   ）。
A. 'A'<=c1<='Z'   B. (c1>='A')＆(c1<='Z')
C. ('A'<=c1)AND('Z'>=c1)   D. (c1>='A')＆＆(c1<='Z')

选择题 22.（3 分，难度系数 0.75）
已知"int x＝2,y;"，则 y＝x＋＋＊x＋＋的结果为（   ）。
A. y＝4   B. y＝6   C. y＝2   D. 表达式是错误的

选择题 23.（3 分，难度系数 0.75）
"int x＝3,y＝2;float a＝2.5,b＝3.5;"，则表达式(x＋y)％2＋(int)a/(int)b 的值为
（   ）。
A. 1.0   B. 1   C. 2.0   D. 2

选择题 24.（3 分，难度系数 0.75）
设"int x＝1,y＝1;"，表达式(！x‖y——)的值是（   ）。
A. 0   B. 1   C. 2   D. －1

选择题 25.（3 分，难度系数 0.75）
已知"int i＝4;i＋＝——i;"，i 的值是（   ）。
A. 3   B. 6   C. 8   D. 以上答案都不对

选择题 26.（3 分，难度系数 0.75）
设 x、y、t 均为 int 型变量，则执行语句"x＝y＝3;t＝＋＋x‖＋＋y;"后，y 的值为（   ）。
A. 不定值   B. 4   C. 3   D. 1

选择题 27.（3 分，难度系数 0.75）
设 x＝2.5、y＝4.7、a＝7，算术表达式 x＋a％3＊(int)(x＋y)％2/4 的值为（   ）。

A. 2.5　　　　　　　　B. 7　　　　　　　　C. 4.7　　　　　　　　D. 2.75

选择题 28.（3 分，难度系数 0.75）
设 a＝12,a 定义为整型变量,表达式 a＋＝a－＝a＊＝a 的值为（　　）。
A. 12　　　　　　　　B. 144　　　　　　　　C. 0　　　　　　　　D. 132

选择题 29.（3 分,难度系数 0.9）
"int x＝1,y＝2,z＝3;",表达式 z＋＝x＞y? ＋＋x:＋＋y 的值是（　　）。
A. 2　　　　　　　　B. 3　　　　　　　　C. 6　　　　　　　　D. 5

选择题 30.（3 分,难度系数 0.9）
设 a＝3、b＝4、c＝5,则表达式!（a＋b）＋c－1&&b＋c/2 的值为（　　）。
A. 6.5　　　　　　　　B. 6　　　　　　　　C. 0　　　　　　　　D. 1

选择题 31.（3 分,难度系数 0.75）
设"int b＝8;－b＋＋;",后 b 的值是（　　）。
A. 9　　　　　　　　B. －7　　　　　　　　C. 8　　　　　　　　D. －8

选择题 32.（3 分,难度系数 0.9）
"int a＝7,b＝5;b＝b/a",则 b 的值为（　　）。
A. 0　　　　　　　　B. 5　　　　　　　　C. 1　　　　　　　　D. 不确定值

选择题 33.（3 分,难度系数 0.75）
"int a＝9;",则表达式（＋＋a＊2/3）的值是（　　）。
A. 0　　　　　　　　B. 6　　　　　　　　C. 1　　　　　　　　D. 不确定值

选择题 34.（3 分,难度系数 0.9）
"int a＝4,b＝5;a＝a＞b",则 a 的值是（　　）。
A. 0　　　　　　　　B. 3　　　　　　　　C. 1　　　　　　　　D. 不确定值

填空题 1.（3 分,难度系数 0.9）
C 语言中的逻辑值"真"是用＿＿＿＿＿表示的,逻辑值"假"是用＿＿＿＿＿表示的。

填空题 2.（3 分,难度系数 0.9）
设 c＝'w'、a＝1、b＝2、d＝－5,则表达式 'x'＋1＞c、'y'! ＝c＋2、－a－5＊b＜＝d＋1、b＝＝a＝2 的值分别为＿＿＿＿＿、＿＿＿＿＿、＿＿＿＿＿、＿＿＿＿＿。

填空题 3.（3 分,难度系数 0.75）
设"float x＝2.5,y＝4.7; int a＝7;",表达式 x＋a%3＊(int)(x＋y)%2/4 的值

为_____。

填空题 4.（3 分,难度系数 0.9）
判断变量 a、b 的值均不为 0 的逻辑表达式为_____。

填空题 5.（3 分,难度系数 0.9）
求解赋值表达式 a＝(b＝10)％(c＝6),表达式的值、a、b、c 的值依次为_____。

填空题 6.（3 分,难度系数 0.9）
求解逗号表达式 x＝a＝3,6＊a 后,表达式的值、x、a 的值依次为_____。

填空题 7.（3 分,难度系数 0.9）
数学式 a/(b＊c)的 C 语言表达式_____。

填空题 8.（3 分,难度系数 0.9）
设 a＝3、b＝4、c＝5,下面各逻辑表达式的值依次为_____、_____、
_____、_____、_____。
(1)a＋b＞c&&b＝＝c
(2)a||b＋c&&b－c
(3)!（a＞b)&&! c‖1
(4)!（x＝a)&&(y＝b)&&0
(5)!（a＋b)＋c－1&&b＋c/2

填空题 9.（3 分,难度系数 0.9）
若表达式 a、b 为真,a&&b 为_____;若 a、b 之一为真,则 a‖b 为
_____;若 a 为真,则!a 为_____。

填空题 10.（3 分,难度系数 0.9）
x 为 int 类型,请以最简单的形式写出与逻辑表达式"! x"等价的 C 语言表达
式_____。

填空题 11.（3 分,难度系数 0.9）
表示"整数 x 的绝对值大于 5"时值为"真"的 C 语言表达式是_____。

填空题 12.（3 分,难度系数 0.9）
若"int k＝18;y＝k＋＋;",则 y 的值为_____,变量 k 的值为_____。

填空题 13.（3 分,难度系数 0.9）
c＝a％b,c 的符号与_____相同。

填空题 14.（3 分，难度系数 0.75）
表达式'c'＆＆'d'||！(3＋4)的值为_____。

填空题 15.（3 分，难度系数 0.75）
设"int a;a＝25/3％3;"，a 的值为_____。

填空题 16.（3 分，难度系数 0.9）
表达式 3＆4 的值为_____，表达式 3|4 的值为_____，表达式 3＆＆4 的值为_____。

填空题 17.（3 分，难度系数 0.6）
若 a＝3、b＝－4、c＝5，表达式 a＋＋－c＋b＋＋的值为_____。

填空题 18.（3 分，难度系数 0.9）
表达式－5||5＆＆3 的值为_____。

填空题 19.（3 分，难度系数 0.6）
设 a、b、c 为整型变量，且 a＝2、b＝3、c＝4、a ＊＝16＋(b＋＋)－(＋＋c)，执行后 a 的值是_____。

填空题 20.（3 分，难度系数 0.9）
设 x 和 y 均为 int 型变量，且 x＝1、y＝2，则表达式 1.0＋x/y 的值为_____。

填空题 21.（3 分，难度系数 0.9）
判断 a、b 均不为 0 的逻辑表达式为_____。

填空题 22.（3 分，难度系数 0.9）
语句 a＝(b＝10)％(c＝6)，a、b、c 的值各为_____。

第 3 章　C 语言程序设计初步

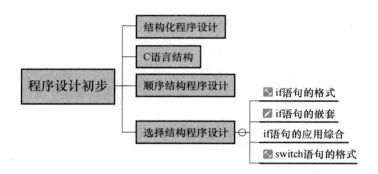

知识目标

1. 了解 C 语言基本语句类型。
2. 了解程序设计语言的基本结构。
3. 了解数据输入/输出的基本概念。
4. 掌握字符数据输入/输出函数的使用方法。
5. 掌握字符串数据输入/输出函数的使用方法。
6. 掌握标准格式输入函数的使用方法。
7. 了解 if 语句的基本概念。
8. 掌握单分支 if 语句的使用方法。
9. 掌握双分支 if 语句的使用方法。
10. 初步了解 if 语句的嵌套使用。
11. 掌握 switch 语句的使用方法。
12. 了解 if 语句和 switch 语句的区别。

3.1　结构化程序设计

填空题 1.（2 分,难度系数 0.75）
结构化程序设计方法的基本思路是_____。

填空题 2.（3 分,难度系数 0.9）
结构化程序设计的三个要素是_____。

选择题 3.（3 分,难度系数 0.9）

结构化程序设计方法的结构不包括（　　）。

A. 顺序结构　　　　B. 选择结构　　　　C. 循环结构　　　　D. 跳转结构

选择题 4.（3 分,难度系数 0.9）

结构化程序设计所规定的三种基本结构是（　　）。

A. 顺序结构、选择结构、循环结构

B. 输入、输出、处理

C. for、while、switch

D. 主程序、子程序、函数

3.2　C 语言语句

选择题 1.（3 分,难度系数 0.9）

C 语言语句的结束标志是（　　）。

A. 分号　　　　　　B. 句号　　　　　　C. 逗号　　　　　　D. 冒号

选择题 2.（3 分,难度系数 0.9）

下列属于表达式语句的是（　　）。

A. i++;　　　　　　B. float a,b;　　　　C. puts(p);　　　　D. ;

选择题 3.（3 分,难度系数 0.9）

下列属于说明语句的是（　　）。

A. i++;　　　　　　B. int a,b;　　　　C. gets(p);　　　　D. y=a+b;

选择题 4.（3 分,难度系数 0.9）

下列属于输入语句的是（　　）。

A. i++;　　　　　　　　　　　B. int a,b;

C. scanf("%d",&c);　　　　　　D. y=a+b;

选择题 5.（3 分,难度系数 0.9）

下列属于输出语句的是（　　）。

A. i++;　　　　　　　　　　　B. int a,b;

C. printf("%15.3f\n",b);　　　　D. y=a+b;

选择题 6.（3 分,难度系数 0.9）

下面属于空语句的是（　　）。

A. i++;　　　　　　B. int a,b;　　　　C. gets(p);　　　　D. ;

3.3 顺序结构程序设计

选择题 1.（3 分，难度系数 0.9）
puts( )函数可以向终端输出一个（   ）。
A. 整型变量表达式值　　　　　　　B. 一个字符串
C. 实型变量值　　　　　　　　　　D. 一个字符

选择题 2.（3 分，难度系数 0.9）
puts( )函数可以向终端输出一个（   ）。
A. 整型变量表达式值　　　　　　　B. 字符串
C. 实型变量值　　　　　　　　　　D. 字符或字符型变量值

选择题 3.（2 分，难度系数 0.75）
若定义 x 为 double 型变量，则能正确输入 x 值语句的是（   ）。
A. scanf("%f",x)　　　　　　　　B. scanf("%f",&x)
C. scanf("%lf",&x)　　　　　　　D. scanf("%5.1f",&x)

选择题 4.（3 分，难度系数 0.9）
已知 I、j、k 为 int 型变量，若从键盘输入"3,4,5<回车>"，使 i 的值为 3,j 的值为 4,k 的值为 5,以下选项中正确的输入语句是（   ）。
A. scanf("%2d%2d%2d",&i,&j,&k);
B. scanf("%d_%d_%d",&i,&j,&k);
C. scanf("%d,%d,%d",&i,&j,&k);
D. scanf(" i=%d,j=%d,k=%d",&i,&j,&k);

选择题 5.（3 分，难度系数 0.75）
执行下列程序片段时输出的结果是（   ）。
int x=13,y=5;
printf("%d",x%=(y/=2));
A. 3　　　　　　B. 2　　　　　　C. 1　　　　　　D. 0

选择题 6.（2 分，难度系数 0.75）
阅读以下程序，当输入数据的形式为"21,12,10<回车>"时,正确的输出结果是（   ）。
main()
{int x,y,z;
scanf("%d%d%d",&x,&y,&z);
printf(" x+y+z=%d\n",x+y+z);}

A. x＋y＋z＝43　　　B. x＋y＋z＝31　　　C. x＋y＋z＝22　　　D. 不确定值

填空题 7.（2 分,难度系数 0.75）

设计程序从键盘输入长和宽,求长方形的面积。

```
#include<stdio.h>
main()
{
    float a,b,s;
    printf("input a and b:\n");
    scanf(____,&a,&b);
    s=a*b;
    printf("s=%f\n",s);}
```

填空题 8.（2 分,难度系数 0.75）

设计程序从键盘输入长和宽,求长方形的面积。

```
#include<stdio.h>
main()
{
    float a,b,s;
    printf("input a and b:\n");
    scanf("%f%f",____);
    s=a*b;
    printf("s=%f\n",s);}
```

填空题 9.（1 分,难度系数 0.6）

写出程序运行的结果:_____

```
main()
{ int i,j,m,n;
  i=8;
  j=10;
  m=++i;
  n=j++;
  printf("%d,%d,%d,%d",i,j,m,n)}
```

3.4　选择结构程序设计

3.4.1　if 语句的格式

选择题 1.（3 分,难度系数 0.9）

if 语句的基本形式是"if(表达式) 语句",以下关于"表达式"值的叙述中正确的是(　　)。

A. 必须是逻辑值   B. 必须是整数值

C. 必须是正数   D. 可以是任意合法的数值

选择题 2.（3 分,难度系数 0.9）

以下是 if 语句的基本形式"if(表达式)语句",其中"表达式"（　　）。

A. 必须是逻辑表达式   B. 必须是关系表达式

C. 必须是逻辑表达式或关系表达式   D. 可以是任意合法的表达式

选择题 3.（2 分,难度系数 0.75）

分析以下程序,结论是（　　）。

```
main( )
{ int x=5,a=0,b=0；
if(x=a+b)
    printf("＊＊＊＊\n")；
else
    printf("＃＃＃＃\n")；
}
```

A. 有语法错,不能通过编译   B. 能通过编译,但不能连接

C. 输出 ＊＊＊＊   D. 输出 ＃＃＃＃

选择题 4.（2 分,难度系数 0.75）

以下判断两个字符串相等的正确方法是（　　）。

A. if(str1=str2)   B. if(str1==str2)

C. if(strcpy(str1,str2)=0)   D. if(strcmp(str1,str2)==0)

选择题 5.（2 分,难度系数 0.6）

以下程序的输出为（　　）。

```
main( )
{ int a=20,b=30,c=40；
if(a>b) a=b,b=c；
c=a；
printf(" a=%d,b=%d,c=%d",a,b,c)；
}
```

A. a=20,b=30,c=20   B. a=20,b=40,c=20

C. a=30,b=40,c=20   D. a=30,b=40,c=30

填空题 6.（2 分,难度系数 0.6）

由键盘输入 3 个整数,要求按大到小的顺序输出。

```
#include<stdio. h>
```

```
main()
{
    int a,b,c,t;
    printf(" input 3 numbers:\n");
    scanf("%d%d%d",&a,&b,&c);
    _____
    {t=a;a=b;b=t;}
    if(a<c)
    {t=a;a=c;c=t;}
    _____
    {t=b;b=c;c=t}
    printf("%5d%5d%5d\n",a,b,c);}
```

编程题 7. (2 分,难度系数 0.75)

输入两个整型数据 a 和 b,若 $a^2+b^2>100$,则输出 a^2+b^2 的值,否则输出 a+b 的结果。

编程题 8. (2 分,难度系数 0.75)

已知有如下函数,由键盘输入 x 值,输出相应的 y 值。

$$y=\begin{cases} 20-5x & (x\geqslant5) \\ 6x-8 & (x<5) \end{cases}$$

编程题 9. (2 分,难度系数 0.6)

有一函数,要求输入 x 值,输出相应的 y 值。

$$y=\begin{cases} x & (x<10) \\ 8x+6 & (10\leqslant x<20) \\ 10x-20 & (x\geqslant20) \end{cases}$$

编程题 10. (2 分,难度系数 0.6)

求三个不同整数的最大值。

3.4.2　if 语句的嵌套

选择题 1. (2 分,难度系数 0.75)

C 语言对嵌套 if 语句的规定是:else 总是与(　　)配对。

A. 其之前最近的 if

B. 第一个 if

C. 缩进位置相同的 if

D. 其之前最近且不带 else 的 if

编程题 2.(2 分,难度系数 0.6)

从键盘输入三角形三边长,计算三角形的面积,要求考虑三条边能否构成三角形,若不能构成三角形,则输出提示。

编程题 3.(2 分,难度系数 0.6)

有一函数,要求输入 x 值,输出相应的 y 值。

$$y=\begin{cases} x & (x<2) \\ x^2+1 & (2\leqslant x<6) \\ \sqrt{x+1} & (6\leqslant x<10) \\ \dfrac{1}{x+1} & (x\geqslant6) \end{cases}$$

编程题 4.(2 分,难度系数 0.6)

求一元二次方程的根_____。

编程题 5.(2 分,难度系数 0.6)

输入某学生的成绩,经处理后给出学生的等级。等级分类如下:

90 分以上(含 90 分):A。

80~90 分(含 80 分):B。

70~80 分(含 70 分):C。

60~70 分(含 60 分):D。

60 分以下:E。

3.4.3　if 语句的应用综合

选择题 1.(2 分,难度系数 0.75)

下面程序的执行结果是(　　)。

```
main( )
{int    x,y=1;
if(y! =0)      x=5;
printf("%d\t",x);
if(y= =0)    x=3;
else    x=5;
printf("%d\t\n",x);
}
```

A. 1　3　　　　B. 1　5　　　　C. 5　3　　　　D. 5　5

选择题 2.(3 分,难度系数 0.9)

若有定义"int a,b,x;"且变量都已正确赋值,下列选项中合法的 if 语句是(　　)。

A. if(a= =b) x++;　　　　　　B. if(a=

C. if(a<>b) x++;　　　　　　　　　　D. if(a=>b) x++;

编程题 3.（3 分,难度系数 0.6）

输入一个数,判断它能否被 3 或 5 整除。如至少能被这两个数中的一个整除,则将此数打印出来,否则不打印。

编程题 4.（3 分,难度系数 0.75）

输入两个整型数据 a 和 b,若 $a^2-b^2<0$,则输出 a^2-b^2 的值,否则输出 $a-b$ 的结果。

编程题 5.（3 分,难度系数 0.75）

已知有如下函数,由键盘输入 x 值,输出相应的 y 值。

$$y=\begin{cases} 8x+3 & (x\geqslant20) \\ 40-14x & (x<20) \end{cases}$$

编程题 6.（3 分,难度系数 0.6）

小贺刚上班,按工作时间小时制领取周工资,工资标准是每小时 rate 元 RMB。每周工作时间为 40 小时,如果要加班,超出部分按正常工资的 1.5 倍计。这周小贺上班的时间为 hour 小时,请编写程序,输入 rate 和 hour,输出小贺本周的工资。

编程题 7.（2 分,难度系数 0.6）

有一函数,要求输入 x 值,输出相应的 y 值。

$$y=\begin{cases} x & (x<2) \\ x+8 & (2\leqslant x<10) \\ 2x-8 & (x\geqslant10) \end{cases}$$

编程题 8.（2 分,难度系数 0.6）

编写一个程序,判断用户输入的是数字字符、字母字符还是其他字符。

编程题 9.（2 分,难度系数 0.6）

输入四个整数,按大小顺序输出。

3.4.4　switch 语句的格式

选择题 1.（3 分,难度系数 0.9）

C 语言中的 switch 结构是（　　　）结构。

A. 单分支　　　　　B. 双分支　　　　　C. 多分支　　　　　D. 循环

选择题 2.（3 分,难度系数 0.9）

switch 结构只有（　　　）条件。

A. 一个　　　　　B. 两个　　　　　C. 三个　　　　　D. 多个

选择题 3.(3 分,难度系数 0.9)

switch 语句中 case 后的表达式是(　　　)。

A. 算术表达式　　　B. 常量表达式　　　C. 关系表达式　　　D. 逻辑表达式

选择题 4.(3 分,难度系数 0.9)

C 语言中专用于跳出 switch 语句的语句是(　　　)。

A. exit;　　　　　B. quit;　　　　　C. break;　　　　　D. else;

选择题 5.(3 分,难度系数 0.9)

以下关于 switch 语句和 break 语句的描述中,正确的是(　　　)。

A. 在 switch 语句中必须使用 break 语句

B. 在 switch 语句中,可以根据需要使用或不使用 break 语句

C. break 语句只能用于 switch 语句中

D. break 语句是 switch 语句的一部分

选择题 6.(3 分,难度系数 0.9)

switch 语句能够改写为(　　　)语句。

A. for　　　　　B. if　　　　　C. do　　　　　D. while

选择题 7.(1 分,难度系数 0.6)

若"int i=10;",执行下列程序后,变量 i 的正确结果是(　　　)。

```
switch(i)
{   case 9：i+=1；
    case 10：i+=1；
    case 11：i+=1；
    default：i+=1；}
```

A. 13　　　　　B. 12　　　　　C. 11　　　　　D. 10

选择题 8.(3 分,难度系数 0.75)

以下程序的输出结果是(　　　)。

```
main()
{   int x=0,a=0,b=0;
    switch(x){
        case 0：b++；
        case 1：a++；
        case 2：a++；b++；}
    printf("a=%d,b=%d\n",a,b);
}
```

A. a=2,b=1　　　B. a=1,b=1　　　C. a=1,b=0　　　D. a=2,b=2

选择题 9.（3 分，难度系数 0.75）

以下程序的输出结果是（　　）。

```
main()
{   int x=1,a=0,b=0;
    switch(x){
        case 0：b++;
        case 1：a++;
        case 2：a++;b++;}
    printf("a=%d,b=%d\n",a,b);
}
```

A. a=2,b=1　　　　B. a=1,b=1　　　　C. a=1,b=0　　　　D. a=2,b=2

选择题 10.（3 分，难度系数 0.75）

以下程序的输出结果是（　　）。

```
main()
{   int x=2,a=0,b=0;
    switch(x){
        case 0：b++;
        case 1：a++;
        case 2：a++;b++;}
    printf("a=%d,b=%d\n",a,b);
}
```

A. a=2,b=1　　　　B. a=1,b=1　　　　C. a=1,b=0　　　　D. a=2,b=2

选择题 11.（3 分，难度系数 0.75）

以下程序的输出结果是（　　）。

```
main()
{   int x=0,a=0,b=0;
    switch(x){
        case 0：b++;break;
        case 1：a++;
        case 2：a++;b++;}
    printf("a=%d,b=%d\n",a,b);
}
```

A. a=2,b=1　　　　B. a=1,b=1　　　　C. a=0,b=1　　　　D. a=2,b=2

选择题 12.（3 分，难度系数 0.75）

以下程序的输出结果是（　　）。

```
main()
```

```
{  int x=1,a=0,b=0;
   switch(x){
       case 0：b++;
       case 1：a++;break;
       case 2：a++;b++;break;}
   printf(" a=%d,b=%d\n",a,b);
}
```

A. a=2,b=1   B. a=1,b=1   C. a=1,b=0   D. a=2,b=2

选择题 13.（3 分,难度系数 0.6）

若运行时输入"3 5/＜回车＞",则以下程序的运行结果是(   )。

```
main()
{  float x,y;
   char op;
   double r;
   scanf("%f%f%c",&x,&y,&op);
   switch(op)
   {  case'+':r=x+y;break;
      case'-':r=x-y;break;
      case'*':r=x*y;break;
      case'/':r=x/y;break;}
   printf("%f",r);
}
```

A. 8.0   B. -2.0   C. 15   D. 0.6

3.4.5　switch 语句的应用综合

编程题 1.（3 分,难度系数 0.6）

输入圆的半径 r 和一个整型数 k,当 k=1 时,计算圆的面积;当 k=2 时,计算圆的周长,当 k=3 时,既要求出圆的周长又要求出圆的面积。编程实现以上功能。

编程题 2.（3 分,难度系数 0.6）

用 switch 结构,输入 1 打印 1! 值,输入 2 打印 2! 值,…,输入 6 打印 6! 值。

编程题 3.（3 分,难度系数 0.6）

输入某学生的成绩,经处理后给出学生的等级,等级分类如下:

90 分以上(含 90 分):A。

80~90 分(含 80 分):B。

70~80 分(含 70 分):C。

60~70 分(含 60 分):D。

60 分以下:E。

要求用 switch 语句编程实现。

编程题 4. (3 分,难度系数 0.6)

输入一个不多于 4 位的整数,求出它是几位数,并逆序输出各位数字。

第 4 章　循环结构程序设计

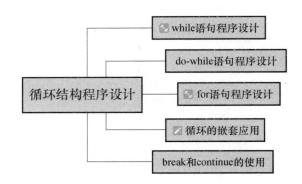

4.1　while 语句程序设计

4.1.1　while 语句的格式

选择题 1.（3 分，难度系数 0.9）

下面有关 while 循环的描述正确的是（　　　）。

A. while 循环只能用于循环次数已经确定的情况

B. while 循环是先执行循环体语句，后判定表达式

C. 在 while 循环中，不能用 break 语句跳出循环体

D. 在 while 循环体语句中，可以包含多条语句，但要用花括号括起来

选择题 2.（3 分,难度系数 0.75）

以下程序的输出结果是（　　）。

```
#include <stdio.h>
main()
{
    int num=0;
    while (num<=3)
    {
      num++;
      printf("%d\n",num);
    }
}
```

A. 1　　　　　B. 1　　　　　C. 1　　　　　D. 1
　　　　　　　　　2　　　　　　　　2　　　　　　　　2
　　　　　　　　　　　　　　　　3　　　　　　　　3
　　　　　　　　　　　　　　　　　　　　　　　　　4

填空题 3.（3 分,难度系数 0.6）

设有定义" int n=1, s=0;",则执行语句"while(s=s+n,n++,n<=5);"后变量 s 的值为____。

4.1.2　while 语句的应用综合

填空题 1.（3 分,难度系数 0.75）

编写程序,求 1+2+3+…+100 的值。

```
main()
{
    int i,sum=0;
    i=1;
    while(_____)
    {
      sum=sum+i;
      _____;
    }
    printf(" sum=%d",sum);
}
```

填空题 2.（3 分,难度系数 0.6）

编写程序计算 1−3+5−7+…−99+101 的值。

```
main()
```

```
{
    int   i,_____,t=1;
      i=1;
      while(_____)
      {
        i=i+2;
        s=s+t;
        _____;
      }
      printf(" s=%d\n",s);
}
```

填空题 3.(3 分,难度系数 0.6)

小清同学的父亲在他初中毕业的时候为他在银行存了一笔教育基金。小清在读高中的三年中每个月都从这笔基金中取出 800 元做生活费。小清三年学业完成后这笔钱刚好取完。假设银行整存零取月利率为 0.12%,请帮忙算出小清的父亲在银行存了多少钱。

```
#include<stdio.h>
int main()
{
    int i=0;
    float total=0;
    while(_____)                          /*用于控制取钱月数*/
    {
        total=_____;                       /*累计计算出每月初的钱数*/
        _____;                             /*为计算下一个月做准备*/
    }
    printf(" save %.2f at first \n",total);   /*输出最后结果*/
}
```

4.2   do-while 语句程序设计

4.2.1   do-while 语句的格式

选择题 1.(3 分,难度系数 0.9)

在 C 语言中,下面说法正确的是(   )。

A. 不能使用 do-while 语句构成的循环

B. do-while 语句构成的循环可以用 continue 语句退出

C. do-while 语句构成的循环,先判定表达式,后执行循环体语句

D. do-while 语句构成的循环,当 while 语句中的表达式值为零时结束循环

选择题 2.（3 分, 难度系数 0.75）

C 语言中 while 和 do-while 循环的主要区别是（　　）。

A. do-while 的循环体至少无条件执行一次

B. while 循环可以通过使用 break 语句退出

C. while 的循环体可以是复合语句

D. do-while 循环只能用于循环次数已经确定的情况

选择题 3.（3 分, 难度系数 0.75）

以下程序段（　　）。

```
int x=-2;
do
{x=x*x;}
while（！x）；
```

A. 是死循环　　　　B. 循环执行二次　　C. 循环执行一次　　D. 有语法错误

4.2.2　do-while 语句的应用综合

填空题 1.（3 分, 难度系数 0.6）

从本月 4 月 1 日起, 小青的妈妈要每 4 天休息一次, 她爸爸要每 6 天休息一次, 请你帮忙算出小青一家在这个月可以选择哪几天共同休息的日子去公园游玩。

```
#include<stdio.h>
main()
{
    int a;
    a=1;
    do
    {
        if(a%4==0&&a%6==0)
            printf("可选择%d 号去公园游玩\n",a);
            _____;
    }_____;
}
```

填空题 2.（3 分, 难度系数 0.6）

假设纸的长度足够长, 厚度为 0.1 毫米, 对折一次厚度增加 1 倍, 现在对折纸张, 直到总厚度超过珠穆朗玛峰高度为止（8848.13 米）, 求对折次数。

```
#include<stdio.h>
main()
{
    int i;
```

```
        float m＝0.1;
        i＝0；
        _____
        {
            _____；
            i＝i＋1；
        }_____；
        printf("对折%d 次\n",i);
    }
```

填空题 3.（3 分,难度系数 0.6）

求 1～1000 之间满足"用 3 除余 2；且用 5 除余 3"的数,且一行只打印五个数。

```
#include ＜stdio. h＞
main()
{
    int i＝1,j＝0;
    do{
        if(i%3＝＝2 _____ i%5＝＝3)
        {
            printf("%4d",i);
            j＝j＋1；
            if(_____) printf("\n");
        }
        i＝i＋1；
    }while(_____);
}
```

4.3   for 语句程序设计

4.3.1   for 语句的格式

选择题 1.（3 分,难度系数 0.9）

下列关于 for 循环描述错误的是（   ）。

A. for 循环语句中包括三个部分,分别为三个表达式

B. for 循环中的三个表达式都可以省略,但分号必须保留

C. for(;;)是一个无限循环语句,执行该循环将永远无法停止

D. for 循环中如果省略表达式 2,则认为其值永远是真值

选择题 2.（3 分,难度系数 0.6）

循环语句"for(a＝0,b＝0;(b! ＝99)‖(a＜4);a＋＋);"的循环执行（   ）。

A. 无限次　　　　　　B. 不确定次　　　　C. 4 次　　　　　　　D. 3 次

选择题 3. (3 分,难度系数 0.75)

下列 for 语句书写正确的是(　　　)。

A. for(x=1)y=y+x　　　　　　　　　B. for(x=1)y=y+x;

C. for(x=1;)y=y+x;　　　　　　　　D. for(x=1;;)y=y+x;

4.3.2　for 语句的应用综合

填空题 1. (3 分,难度系数 0.75)

求 n!。

```c
#include <stdio.h>
void main()
{
    int i,n; double s;
    scanf ("%d", &n);
    s=1;
    for(i=1;_____;_____)
        _____;
    printf(" s=%f\n",s);
}
```

填空题 2. (3 分,难度系数 0.75)

求 1+2! +3! +…+20! 的和。

```c
#include <stdio.h>
main()
{
    float n, _____,t=1;
    for(n=1;_____;n++)
    {
        _____;
        s+=t;
    }
    printf("1+2! +3! +…+20! =%e\n",s);
}
```

填空题 3. (3 分,难度系数 0.6)

打印出所有的"水仙花数",所谓"水仙花数",是指一个三位数,其各位数字立方和等于该数本身。例如 153 是一个"水仙花数",因为 $153=1^3+5^3+3^3$。

```c
#include <stdio.h>
```

```
main()
{
    int i,j,k,n;
    printf("水仙花数是");
    for(n=100;_____;n++)
    {
        i=n/100;/* 分解出百位 */
        j=n/10%10;/* 分解出十位 */
        k=_____;/* 分解出个位 */
        if(_____)
        {
            printf("%－5d",n);
        }
    }
    printf("\n");
}
```

4.4 循环的嵌套应用

填空题 1.(3 分,难度系数 0.6)
打印如下三角形。

```
* * * * * * *
  * * * * *
    * * *
      *
```

```
#include <stdio. h>
main()
{
    int i,j;
    for(i=0;_____;i++)
    {
        for(j=1;_____;j++)
            printf(" ");
        for(j=0;_____;j++)
            printf(" * ");
        printf("\n");
    }
}
```

填空题 2.（3 分，难度系数 0.6）

按顺序读入 10 名学生 4 门课程的成绩，计算出每位学生的平均分并输出。

```c
#include<stdio.h>
main()
{
    int i,j;
    float score,sum,average;
    for(i=1;_____;i++)
    {
        sum=0.0;
        for(j=1;_____;j++)
        {
            printf("请输入第%d名学生的%d项成绩\n",i,j);
            scanf("%f",&score);
            sum=sum+score;
        }
        average=_____;
        printf("第%d名同学的平均分为%f\n",i,average);
    }
}
```

填空题 3.（3 分，难度系数 0.6）

判断 101~200 之间有多少个素数，并输出所有素数，要求每行输出 10 个数。

```c
#include <math.h>
#include <stdio.h>
main()
{
    int m,i,k,h=0,leap=1;
    printf("\n");
    for(m=101;m<=200;m++)
    {
        k=sqrt(m+1);
        for(i=2;i<=k;i++)
            if(m%i==0)
            {leap=0;_____;}
            if(leap)
            {
                printf("%-4d",m);h++;
                if(_____)
```

```
            printf("\n");
        }
            _____;
    }
    printf("\nThe total is %d",h);
}
```

4.5　break 语句和 continue 语句程序设计

选择题 1.(3 分,难度系数 0.75)
与以下程序段等价的是(　　)。
```
while (x)
{
    if (y) continue;
    z;
}
```
A. while (x)　　　　B. while (z)　　　　C. while (z)　　　　D. while (x)
　{if (! y)z；}　　{if (! y) break;z;}{if (y)z;}{if (y) break;z;}

选择题 2.(3 分,难度系数 0.6)
以下程序的输出结果是(　　)。
```
#include <stdio. h>
main()
{
    int i;
    for (i=1;i<=10;i++)
    {
        if (i%3==0) continue;
        printf("%d",i);
    }
}
```
A. 1245　　　　　　B. 12457810　　　　C. 369　　　　　　D. 678910

填空题 3.(3 分,难度系数 0.6)
以下程序运行结果是(　　)。
```
main()
{
    int a,b;
    for(a=1,b=1;a<=100;a++)
```

```
    {
        if(b>=10)break;
        if(b%5==1)
        {
            b+=5;continue;
        }
    }
    printf("%d\n",a);
}
```

第 5 章　函数

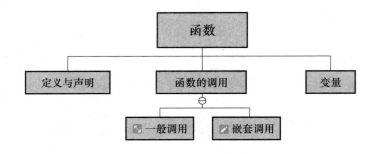

知识目标

1. 了解函数的概念及分类。
2. 掌握函数的定义方法。
3. 掌握函数参数及返回值。

5.1　函数定义与声明

选择题 1.（3 分，难度系数 0.9）

以下关于 C 语言的函数描述中错误的是（　　）。

A. C 语言中子程序的作用由函数来完成

B. 一个 C 语言源程序由一个主函数和若干个函数构成

C. 主函数可调用其他函数，其他函数也可以调用主函数

D. 同一个函数可以被一个或多个函数调用任意多次

选择题 2.（3 分，难度系数 0.9）

以下关于 C 语言的函数描述中错误的是（　　）。

A. 一个 C 语言源程序由若干个主函数和其他函数构成

B. 在 C 语言程序中，常将一些常用的功能模块编写成函数

C. 函数可放在函数库中供公共选用

D. 编写函数可以减少重复编写程序段的工作量

选择题 3.（3 分,难度系数 0.9）

以下关于 C 语言的函数描述中错误的是（　　　）。

A. 一个 C 语言源程序文件是由一个或多个函数构成的

B. C 语言程序是以源文件为单位进行编译的

C. C 语言程序是以函数为单位进行编译的

D. 一个 C 语言程序是由一个或多个源程序文件组成的

选择题 4.（3 分,难度系数 0.9）

以下关于 C 语言的函数描述中错误的是（　　　）。

A. C 语言程序的执行从 main 函数开始,并在 main 函数中结束

B. C 语言程序中定义所有函数都是相互独立的,不能嵌套定义

C. C 语言程序中其他函数不能调用 main 函数

D. C 语言程序中 main 函数不能调用其他函数

选择题 5.（3 分,难度系数 0.9）

以下关于 C 语言的函数描述中错误的是（　　　）。

A. C 语言标准函数就是库函数,是由系统提供的

B. 用户可以定义标准函数

C. 用户只能调用自定义函数

D. 在 C 语言中,从函数的形式看,函数可分为无参函数和有参函数

选择题 6.（3 分,难度系数 0.75）

以下关于 C 语言的函数定义错误的是（　　　）。

A. dummy(){}

B. int dam(){}

C. int dam(x,y){}

D. int dam(x,y)

　　int x,y;

　　{}

选择题 7.（3 分,难度系数 0.75）

以下关于 C 语言的函数定义正确的是（　　　）。

A. double fun(int x,int y)

B. double fun(int x;int y)

C. double fun(int x,int y);

D. double fun(int x;int y);

选择题 8.（3 分,难度系数 0.75）

以下关于 C 语言的函数定义形式正确的是（　　　）。

A. double fun(int x,int y){z＝x＋y;return z;}

B. double fun(int x，y) {int z;return z;}

C. fun(x,y) {int x,y;double z;z＝x＋y;return z;}

D. double fun(int x,int y); {double z;z＝x＋y;return z;}

5.2 函数的一般调用

选择题 1.（3分，难度系数0.9）

以下关于形式参数和实际参数的描述中错误的是（　　）。

A. 在函数名后面括号中的变量名称为形式参数

B. 在函数被调用时,函数名后面括号中的表达式称为实际参数

C. 形式参数在定义函数中指定,在未出现函数调用时,其并不占内存存储空间

D. 实际参数必须是确定的值,可以是常量,但不能是变量或表达式

选择题 2.（3分，难度系数0.9）

以下关于形式参数和实际参数的描述中错误的是（　　）。

A. 自定义函数的形式参数可以不用指定类型

B. 形式参数和实际参数的类型必须一致

C. 实际参数的值可以传递给形式参数,但不能由形式参数向实际参数传值

D. 函数被调用结束后,形式参数所占内存单元被释放,实际参数所占内存单元保留原值

选择题 3.（3分，难度系数0.9）

以下关于函数的返回值的描述中错误的是（　　）。

A. 函数的返回值是指通过函数调用使主调函数得到的一个确定的值

B. 函数的返回值是通过被调用函数中的 return 语句获得的

C. 被调用函数必须带有 return 语句

D. 函数中可以有一个以上的 return 语句

选择题 4.（3分，难度系数0.75）

从键盘输入值"1.5,2.5",以下程序运行的结果是（　　）。

```
main()
{
    float a,b;
    int c;
    scanf("%f,%f,",&a,&b);
    c=max(a,b);
    printf(" Max is %d\n",c);
}
```

```
max(float x,y)
{
    return x>y? x:y;
}
```

A. Max is 2.5   B. Max is 2

C. Max is 3   D. Max is 1.5

选择题 5.（3 分,难度系数 0.75）

以下关于 C 语言中函数调用描述错误的是(　　)。

A. 若被调用函数是无参函数,则调用时函数名后的括号也可以省略

B. 调用函数时,可以将被调用函数作为一条语句,这时不要求函数带回值

C. 调用函数时,可以将被调用函数放在一个表达式中,这时要求函数带回一个确定的值

D. 调用函数时,可以将被调用函数作为另一函数的实参

选择题 6.（3 分,难度系数 0.75）

以下关于 C 语言中被调用函数的描述中错误的是(　　)。

A. 被调用函数必须是已经存在的函数

B. 被调用函数如果是库函数,应在文件开头用 #include 命令

C. 被调用函数如果是自定义函数,应在主调函数中对被调用函数的返回值的类型进行说明

D. 对被调用函数做说明时,只包括函数名、函数类型和一对空括号,不包括函数体和形式参数

选择题 7.（3 分,难度系数 0.6）

以下程序的功能是计算函数 F(x,y,z)＝(x＋y)/(x－y)＋(z＋y)/(z－y)的值,请选择填空(　　)。

```
#include<stdio. h>
#include<math. h>
float f(float,float);
main()
{ float x,y,z,sum;
    scanf("%f%f%f",&x,&y,&z);
    sum=f_____+f_____;
    printf(" sum=%f\n",sum);
}
float f(float a,float b)
{ float value;
    falue=a/b;
```

```
  return(value);
}
```

A. x+y,x−y z+y,z−y   B. x−y,x+y z+y,z−y
C. x+y,x−y z−y,z+y   D. x−y,x+y z+y,z−y

选择题 8.(3分,难度系数 0.6)

以下程序的功能是选出能被 3 整除且至少有一位是 5 的两位数,打印出所有的这样的数及其个数。请选择填空(   )。

```
sub(int k,int n)
{ int a1,a2;
  a2=_____;
  a1=k−_____;
  if((k%3==0&&a2==5) || (k%3==0&&a1==5))
    {printf("%4d",k);n++;return n;}
  else
    return  −1;
}
main()
{int n=0,k,m;
  for(k=10;k<100;k++)
    {m=sub(k,n);
     if(m! =−1)
     n=m;
     }
  printf("\nn=%d",n);
}
```

A. k * 10   a2   B. k/10   a2 * 10
C. k%10   a2/10   D. k * 10%10   a2%10

5.3　函数的嵌套调用

选择题(3分,难度系数 0.75)

以下关于 C 语言中函数嵌套调用的描述正确的是(   )。

A. 函数的定义都是平行的,所以不能嵌套调用
B. 不能嵌套定义函数,但可以嵌套调用函数
C. 在调用一个函数的过程中不能调用另一个函数
D. 既可以嵌套定义函数,也可以嵌套调用函数

5.4　全局变量

选择题 1.（3 分，难度系数 0.72）
如果在一个复合语句中定义了一个变量，则有关该变量正确的说法是（　　）。
A. 只在该复合语句中有效
B. 只在该函数中有效
C. 在本程序范围内均有效
D. 为非法变量

选择题 2.（3 分，难度系数 0.75）
以下说法错误的是（　　）。
A. 在不同函数中可以使用相同名字的变量
B. 形式参数是局部变量
C. 在函数内定义的变量只在本函数范围内有效
D. 在函数内的复合语句中定义的变量在本函数范围内有效

选择题 3.（3 分，难度系数 0.6）
以下程序的正确运行结果是（　　）。
```
#define MAX 10
int a[MAX],I;
main()
{   printf("\n";sub1();sub3(a);sub2();sub3(a);
}
sub2()
{   int a[MAX],i,max;
    max=5;
    for(i=0;i<max;i++)        a[i]=I;
}
sub1()
{   for(i=0;i<MAX;i++)    a[i]=i+i;}
sub3(int a[])
{   int i;
    for(i=0;i<MAX;i++)    printf("%3d",a[i]);
    printf("\n");
}
```
A. 0　2　4　6　8　10　12　14　16　18
　　0　1　2　3　4
B. 0　1　2　3　4

```
    0   2   4   6   8   10  12  14  16  18
C. 0  1  2  3  4  5  6  7  8  9
    0   1   2   3   4
D. 0  2  4  6  8  10  12  14、16  18
    0  2  4  6  8  10  12  14  16  18
```

选择题 4.（3 分，难度系数 0.6）

以下程序的正确运行结果是（   ）。

```
void num()
{ extern int x,y;
  int a=15,b=10;
  x=a-b;
  y=a+b;
}
int x,y;
main()
{  int a=7,b=5;
   x=a+b;
   y=a-b;
   num();
   printf("%d,%d\n",x,y);
}
```

A. 12,2   B. 12,25   C. 5,25   D. 5,2

选择题 5.（3 分，难度系数 0.9）

凡是函数中未指定存储类别的局部变量，其隐含的存储类别是（   ）。

A. auto   B. static   C. extern   D. register

选择题 6.（3 分，难度系数 0.75）

在一个 C 源程序文件中，若要定义一个只允许本源文件中所有函数使用的全局变量，则该变量需要使用的存储类别是（   ）。

A. auto   B. static   C. extern   D. register

选择题 7.（3 分，难度系数 0.6）

以下程序的正确运行结果是（   ）。

```
main()
{ int a=2,i;
  for(i=0;i<3;i++)
    printf("%4d",f(a));
```

```
}
int f(int a)
{int b=0;
 static int c=3;
 b++;c++;
 return (a+b+c);
}
```

A. 7 7 7   B. 7 10 13   C. 7 9 11   D. 7 8 9

选择题 8.（3 分,难度系数 0.6）
以下程序的正确运行结果是(   )。
```
#include<stdio. h>
main()
{ int k=4,m=1,p;
  p=func(k,m);   printf("%d,",p);
  p=func(k,m);   printf("%d\n",p);
}
func(int a,int b)
{static int m=0,i=2;
 i+=m+1;
 m=i+a+b;
 return (m);
}
```

A. 8,17   B. 8,16   C. 8,20   D. 8,8

第 6 章 综合习题

选择题 **1.**（3 分，难度系数 0.6）

若输入的值是－125，以下程序的正确运行结果是（   ）。

```
#include<stdio.h>
#include<math.h>
main()
{ int n;
scanf("%d",&n);
printf("%d=",n);
 if(n<0)
   printf("－")
  n=abs(n);
  fun(n);
}
fun(int n)
{ int k,r;
 for(k=2;k<=sqrt(n);k++)
   {r=n%k;
    while(r==0)
     {printf("%d",k);
     n=n/k;
     if(n>1)
       printf("＊");
     r=n%k;
     }
   }
  if(n!=1)
   printf("%d\n",n);
}
```

A. －125

B. 125

C. －125＝－5＊5＊5

D. －125＝5＊5＊5

选择题 2.（3 分,难度系数 0.6）

以下程序的正确运行结果是（　　　）。

```
#include<stdio.h>
main()
{ int i=2,x=5,j=7;
fun(j,6);
printf("i=%d;j=%d;x=%d\n",i,j,x);
}
fun(int i,int j)
{ int x=7;
printf("i=%d;j=%d;x=%d\n",i,j,x);
}
```

A. i=7, j=6, x=7　　　i=7, j=6, x=7

B. i=7, j=6, x=7　　　i=6, j=7, x=5

C. i=7, j=6, x=7　　　i=2, j=7, x=5

D. i=5, j=6, x=7　　　i=7, j=6, x=7

选择题 3.（3 分,难度系数 0.6）

以下程序的正确运行结果是（　　　）。

```
#include<stdio.h>
main()
{ int a=1,b=2,c;
c=max(a,b);
printf(" max is %d\n",c);
}
max(int x,int y)
{ int z;
z=(x>y)? x:y;
  return z;
}
```

A. max is 2　　　　　　　　B. max is 3

C. max is 4　　　　　　　　D. max is 5

填空题 1.（25 分,难度系数 0.6）

请在下列横线处依次填写正确内容。

功能:输出 100～1000 之间的各位数字之和能被 15 整除的所有数,输出时每 10 个一行。

```
#include<stdio.h>
main()
```

```
{
    int m,n,k,i=0;
    /* * * * * * * * * * *SPACE* * * * * * * * * * */
    for(m=100;_____;m++)
    {
        /* * * * * * * * * * *SPACE* * * * * * * * * * */
        _____;//每次循环前将 k 置零
        n=m;
        do
        {
        /* * * * * * * * * * *SPACE* * * * * * * * * * */
            k=_____;//取出个位
            n=n/10;
        }
        /* * * * * * * * * * *SPACE* * * * * * * * * * */
        while(_____); //或者 while(n! =0),或者 while(n)
        if(k%15==0)
        {
            printf("%5d",m);i++;
        /* * * * * * * * * * *SPACE* * * * * * * * * * */
            if(_____) printf("\n");
        }
    }
}
```

填空题 2.(25 分,难度系数 0.6)
请在下列横线处依次填写正确内容。
功能:打印出如下图案(菱形)
```
        *
      * * *
    * * * * *
  * * * * * * *
    * * * * *
      * * *
        *
```
#include <stdio. h>
main()
{
    int i,j,k;
```
```

```
/ * * * * * * * * * * * SPACE * * * * * * * * * * * /
for(i=0;_____;i++)
{
    for(j=0;j<=4-i;j++)
        printf(" ");
    / * * * * * * * * * * * SPACE * * * * * * * * * * * /
    for(k=1; _____ ;k++)
        / * * * * * * * * * * * SPACE * * * * * * * * * * * /
        _____ ;
    printf("\n");
}
/ * * * * * * * * * * * SPACE * * * * * * * * * * * /
for(_____;j<3;j++)
{
    for(k=0;k<j+3;k++)
        printf(" ");
    / * * * * * * * * * * * SPACE * * * * * * * * * * * /
    for(k=0;_____;k++)
        printf(" * ");
    printf("\n");
}
}
```

填空题 3.（25 分, 难度系数 0.6）

请在下列横线处依次填写正确内容。

功能: 输入三个整数 x, y, z, 请把这三个数由小到大输出。

```
#include <stdio. h>
main()
{
    int x,y,z,t;
    / * * * * * * * * * * * SPACE * * * * * * * * * * * /
    scanf("%d%d%d",_____);
    / * * * * * * * * * * * SPACE * * * * * * * * * * * /
    if(x>y){_____}
    / * * * * * * * * * * * SPACE * * * * * * * * * * * /
    if(x>z){_____}
    / * * * * * * * * * * * SPACE * * * * * * * * * * * /
    if(y>z){_____}
    / * * * * * * * * * * * SPACE * * * * * * * * * * * /
```

```
    printf(" small to big：%d%d%d\n",_____);
}
```

填空题 4.（25 分，难度系数 0.6）

请在下列横线处依次填写正确内容。

功能：不用第三个变量，实现两个数的对调操作。

```
#include <stdio. h>
main()
{
    int a,b;
    /* * * * * * * * * * * SPACE * * * * * * * * * * * */
    scanf("%d%d",_____);
    printf(" a=%d,b=%d\n",a,b);
    /* * * * * * * * * * * SPACE * * * * * * * * * * * */
    a=_____;
    /* * * * * * * * * * * SPACE * * * * * * * * * * * */
    b=_____;
    /* * * * * * * * * * * SPACE * * * * * * * * * * * */
    a=_____;
    /* * * * * * * * * * * SPACE * * * * * * * * * * * */
    printf(" a=%d,b=%d\n",_____);
}
```

填空题 5.（25 分，难度系数 0.6）

请在下列横线处依次填写正确内容。

功能：求 sn＝a＋aa＋aaa＋aaaa＋…＋aaaaaa…a 的值。其中 a 是一个数字。例如 6＋66＋666＋6666＋66666（此时 n＝5），n 由键盘输入。

```
#include <stdio. h>
main()
{
    int a,n,i=1,tn=0,sn=0;
    /* * * * * * * * * * * SPACE * * * * * * * * * * * */
    scanf("%d,%d",_____);
    /* * * * * * * * * * * SPACE * * * * * * * * * * * */
    while(_____)
    {
        /* * * * * * * * * * * SPACE * * * * * * * * * * * */
        tn=_____;
        sn=sn+tn;
```

```
        / * * * * * * * * * * * SPACE * * * * * * * * * * * /
            _____;
        }
        / * * * * * * * * * * * SPACE * * * * * * * * * * * /
        printf(" a＋aa＋aaa＋aaaa＋…＝%d\n",_____);
    }
```

填空题 6. (25 分,难度系数 0.6)

请在下列横线处依次填写正确内容。

功能:输出所有的"水仙花数"。"水仙花数"是指一个 3 位数,其各位数字立方和等于该数本身。

例如:153 是一个"水仙花数",因为 153＝1 * 1 * 1＋5 * 5 * 5＋3 * 3 * 3。

```
/ * * * * * * * * * * * SPACE * * * * * * * * * * * /

_____

main()
{
    int i,j,k,n;
    printf("所有水仙花数有:\n");
    / * * * * * * * * * * * SPACE * * * * * * * * * * * /
    for(n＝100; _____;n++)
    {
        i＝n/100;
        / * * * * * * * * * * * SPACE * * * * * * * * * * * /
        j＝_____;
        k＝n%10;
        / * * * * * * * * * * * SPACE * * * * * * * * * * * /
        if(_____)
        / * * * * * * * * * * * SPACE * * * * * * * * * * * /
        printf("%d\n",_____);
    }
    printf("\n");
}
```

填空题 7. (25 分,难度系数 0.6)

请在下列横线处依次填写正确内容。

功能:编写一个简单计算器程序,输入格式为"aopb"。其中,a 和 b 是参加运算的两个数,op 为运算符,它的取值只能是＋、－、*、/。

```
#include <stdio. h>
main()
```

```
{
    float a,b;
/* * * * * * * * * * *SPACE* * * * * * * * * * * */
    _____ op;
    printf("Please enter a,b and op:");
/* * * * * * * * * * *SPACE* * * * * * * * * * * */
    scanf("_____ f",&a,&op,&b);
/* * * * * * * * * * *SPACE* * * * * * * * * * * */
    switch(_____)
    {
        case '+':printf("%f+%f=%f\n",a,b,a+b);break;
        case '-':printf("%f-%f=%f\n",a,b,a-b);break;
        case '*':printf("%f* %f=%f\n",a,b,a*b);break;
/* * * * * * * * * * *SPACE* * * * * * * * * * * */
        case _____:
            if(b! =0)
                printf("%f/%f=%f\n",a,b,a/b);
            else
                printf("error! \n");break;
/* * * * * * * * * * *SPACE* * * * * * * * * * * */
        _____:printf("error! \n");break;
    }
}
```

填空题 8.(25 分,难度系数 0.6)

请在下列横线处依次填写正确内容。

功能:编写程序,求 s=1/(1 * 2)+1/(2 * 3)+1/(3 * 4)+…+前 50 项之和。

```
/* * * * * * * * * * *SPACE* * * * * * * * * * * */

_____
main()
{
    int i;
    float s;
/* * * * * * * * * * *SPACE* * * * * * * * * * * */
    _____;
/* * * * * * * * * * *SPACE* * * * * * * * * * * */
    for(i=1;_____;i++)
    {
/* * * * * * * * * * *SPACE* * * * * * * * * * * */
```

```
        s=_____;
    }
    /* * * * * * * * * * *SPACE* * * * * * * * * * */
    printf(" result is %8.3f\n",_____);
}
```

填空题 9.（25 分,难度系数 0.6）

请在下列横线处依次填写正确内容。

功能:计算 s=1-2! +3! -4! +…-10! 的值并输出。

```
#include <stdio.h>
main()
{
    int n,t,f;
    int sum;
    t=1;
    f=1;
    /* * * * * * * * * * *SPACE* * * * * * * * * * */
    _____;
    /* * * * * * * * * * *SPACE* * * * * * * * * * */
    for(n=1; _____;n++)
    {
        t=t*n;
        /* * * * * * * * * * *SPACE* * * * * * * * * * */
        sum=_____;
        /* * * * * * * * * * *SPACE* * * * * * * * * * */
        _____;
    }
    /* * * * * * * * * * *SPACE* * * * * * * * * * */
    printf("%d\n",_____);
}
```

填空题 10.（25 分,难度系数 0.6）

请在下列横线处依次填写正确内容。

功能:从键盘中输入一个大写字母,要求改用小写字母输出。

```
#include <stdio.h>
main()
{
    /* * * * * * * * * * *SPACE* * * * * * * * * * */
    _____ c1,c2;
```

```
/ * * * * * * * * * * SPACE * * * * * * * * * * /
c1=_____;
/ * * * * * * * * * * SPACE * * * * * * * * * * /
printf("_____,%d\n",c1,c1);
/ * * * * * * * * * * SPACE * * * * * * * * * * /
c2=_____;
/ * * * * * * * * * * SPACE * * * * * * * * * * /
printf("_____,%d\n",c2,c2);
}
```

填空题 11.（25 分,难度系数 0.6）

请在下列横线处依次填写正确内容。

功能:比较 a、b 两个数的大小,把大者赋给 max,小者赋给 min。

```
#include <stdio.h>
main()
{
    / * * * * * * * * * * SPACE * * * * * * * * * * /
    int _____;
    printf("输入两个数给 a,b:");
    scanf("%d,%d",&a,&b);
    / * * * * * * * * * * SPACE * * * * * * * * * * /
    if(_____)
    / * * * * * * * * * * SPACE * * * * * * * * * * /
        {_____;max=a;}
    / * * * * * * * * * * SPACE * * * * * * * * * * /
    _____
        {min=a;max=b;}
    / * * * * * * * * * * SPACE * * * * * * * * * * /
    printf(" min=%d,max=%d\n",_____);
}
```

填空题 12.（25 分,难度系数 0.6）

请在下列横线处依次填写正确内容。

功能:编写程序,把三个整数中最大的打印出来。

```
#include <stdio.h>
main()
{
    / * * * * * * * * * * SPACE * * * * * * * * * * /
    int _____;
```

```
/ * * * * * * * * * * SPACE * * * * * * * * * * /
scanf("%d,%d,%d", _____);
if(a>b)
{
    if(a>c)
        m=a;
    else
        / * * * * * * * * * * SPACE * * * * * * * * * * /
        _____;
}
else
{
    if(b>c)
        / * * * * * * * * * * SPACE * * * * * * * * * * /
        _____;
    else
        m=c;
}
/ * * * * * * * * * * SPACE * * * * * * * * * * /
printf(" m=%d\n",_____);
}
```

填空题 13.（25 分,难度系数 0.6）

请在下列横线处依次填写正确内容。

功能:编写程序,求两个非零整数之和。

```
/ * * * * * * * * * * SPACE * * * * * * * * * * /
#include _____
main()
{
    int x,y,z=0;
    / * * * * * * * * * * SPACE * * * * * * * * * * /
    scanf("%d,%d", _____);
    / * * * * * * * * * * SPACE * * * * * * * * * * /
    if(_____)
    {
        / * * * * * * * * * * SPACE * * * * * * * * * * /
        z=_____;
        printf(" z=%d\n",z);
    }
```

```
/ * * * * * * * * * * SPACE * * * * * * * * * * * /
_____
    printf("两个数中至少有一个数为零值\n");
}
```

填空题 14.（25 分,难度系数 0.6）

请在下列横线处依次填写正确内容。

功能:编写程序,求 1～10 之间所有偶数的和及其所有奇数的和。

```
#include <stdio.h>
main()
{
    / * * * * * * * * * * SPACE * * * * * * * * * * * /
    int i,_____,J_sum=0;
    / * * * * * * * * * * SPACE * * * * * * * * * * * /
    for(i=1; _____;i++)
    {
    / * * * * * * * * * * SPACE * * * * * * * * * * * /
        if(_____)
            O_sum+=i;
        else
    / * * * * * * * * * * SPACE * * * * * * * * * * * /
            _____;
    }
    / * * * * * * * * * * SPACE * * * * * * * * * * * /
    printf("偶数之和为:%d\n 奇数之和为%d\n",_____);
}
```

填空题 15.（25 分,难度系数 0.6）

请在下列横线处依次填写正确内容。

功能:编写程序,给出年月日,计算出该日是该年的第几天。

判断是否为闰年的条件:能被 4 整除但是不能被 100 整除或者能被四百整除。

```
#include <stdio.h>
main()
{
    int year,month,day,days=0,i,d;
    printf("请输入年—月—日:");
    scanf("%d—%d—%d",&year,&month,&day);
    / * * * * * * * * * * SPACE * * * * * * * * * * * /
    for(i=1;_____;i++)
```

```
    {
        /* * * * * * * * * * * SPACE * * * * * * * * * * */
        _____
        {
            case 1:
            case 3:
            case 5:
            case 7:
            case 8:
            case 10:
            /* * * * * * * * * * SPACE * * * * * * * * * * */
            case 12:d=31;_____;
            case 4:
            case 6:
            case 9:
            case 11:d=30;break;
            /* * * * * * * * * * SPACE * * * * * * * * * * */
            case _____:
                if(year%4==0 && year%100! ==0 || year%400==0)
                    d=29;
                else
                    d=28;
                break;
        }
        days+=d;
    }
    /* * * * * * * * * * SPACE * * * * * * * * * * */
    printf("%d-%d-%d 是该年第%d 天\n",year,month,day,_____);
}
```

填空题 16.(25 分,难度系数 0.6)

请在下列横线处依次填写正确内容。

功能:有一分数序列"2/1,3/2,5/3,8/5,13/8,21/13…",求出这个数列的前 20 项之和(结果保留两位小数)。

```
#include <stdio.h>
main()
{
    /* * * * * * * * * * SPACE * * * * * * * * * * */
    int n,t,number=_____;
```

```
        float a=2,b=1,s=0;
    /* * * * * * * * * * * SPACE * * * * * * * * * * * */
        for(n=1;_____;n++)
        {
        /* * * * * * * * * * * SPACE * * * * * * * * * * * */
            s=_____;
            t=a;
        /* * * * * * * * * * * SPACE * * * * * * * * * * * */
            _____;
            b=t;
        }
    /* * * * * * * * * * * SPACE * * * * * * * * * * * */
        printf(" sum is _____\n",s);
    }
```

填空题 17.(25 分,难度系数 0.6)

请在下列横线处依次填写正确内容。

功能:从键盘输入一位整数,计算其各位数字之和。

例如输入整数 31421,则打印结果为 11。

```
#include <stdio. h>
main()
{
        int i,sum=0,a;
    /* * * * * * * * * * * SPACE * * * * * * * * * * * */
        scanf("%d",_____);
    /* * * * * * * * * * * SPACE * * * * * * * * * * * */
        while(_____)
        {
        /* * * * * * * * * * * SPACE * * * * * * * * * * * */
            a=_____;
            sum+=a;
        /* * * * * * * * * * * SPACE * * * * * * * * * * * */
            i=_____;
        }
    /* * * * * * * * * * * SPACE * * * * * * * * * * * */
        printf("%d\n",_____);
    }
```

填空题 18.(25 分,难度系数 0.6)

请在下列横线处依次填写正确内容。

功能:输出 100 以内(不含 100)能被 3 整除且个位数为 6 的所有整数。

```c
#include <stdio.h>
/ * * * * * * * * * * SPACE * * * * * * * * * * * /
_____
{
    int i,j;
    / * * * * * * * * * * SPACE * * * * * * * * * * * /
    for(i=0;_____;i++)
    {
        / * * * * * * * * * * SPACE * * * * * * * * * * * /
        j=_____;
        / * * * * * * * * * * SPACE * * * * * * * * * * * /
        if(j%3! =0)_____;
        / * * * * * * * * * * SPACE * * * * * * * * * * * /
        printf("%d\n",_____);
    }
}
```

填空题 19.(25 分,难度系数 0.6)

请在下列横线处依次填写正确内容。

功能:从键盘上输入若干个学生的成绩,统计并输出最高成绩和最低成绩,当输入负数时结束输入。

```c
#include <stdio.h>
main()
{
    / * * * * * * * * * * SPACE * * * * * * * * * * * /
    int _____;
    printf(" please input x:\n");
    / * * * * * * * * * * SPACE * * * * * * * * * * * /
    scanf("%d", _____);
    max=x;
    min=x;
    / * * * * * * * * * * SPACE * * * * * * * * * * * /
    while(_____)
    {
        if(x>max)
    / * * * * * * * * * * SPACE * * * * * * * * * * * /
```

```
        _____;
    if(x<min)
        min=x;
/ * * * * * * * * * * SPACE * * * * * * * * * * /
    scanf("%d",_____);
}
printf(" max=%d,min=%d\n",max,min);
}
```

填空题 20.(25 分,难度系数 0.6)
请在下列横线处依次填写正确内容。
功能:编写程序,求 1−3+5−7+⋯−99+101 的值。

```
#include <stdio. h>
main()
{
    int i,count,j,sum;
/ * * * * * * * * * * SPACE * * * * * * * * * * /
    count=_____;
    j=1;
    sum=0;
/ * * * * * * * * * * SPACE * * * * * * * * * * /
    for(i=1;i<=101;_____)
    {
        sum=sum+j * i;
/ * * * * * * * * * * SPACE * * * * * * * * * * /
        _____;
/ * * * * * * * * * * SPACE * * * * * * * * * * /
        if(_____)j=−1;
/ * * * * * * * * * * SPACE * * * * * * * * * * /
        else _____;
    }
    printf("%d\n",sum);
}
```

填空题 21.(25 分,难度系数 0.6)
请在下列横线处依次填写正确内容。
功能:求 1~1000 之间满足"用 3 除余 2,用 5 除余 3,用 7 除余 2"的数,且一行只打印五个数。

```
#include <stdio. h>
```

```
main()
{
    int i=1,j=0;
    do
    {
        /* * * * * * * * * * * SPACE * * * * * * * * * * * */
        if(_____ && i%5==3 && _____)
        {
            printf("%4d",i);
            /* * * * * * * * * * * SPACE * * * * * * * * * * * */
            _____;
            /* * * * * * * * * * * SPACE * * * * * * * * * * * */
            if(_____)printf("\n");
        }
        i=i+1;
    }
    /* * * * * * * * * * * SPACE * * * * * * * * * * * */
    _____
}
```

填空题 22.（25 分,难度系数 0.6）

请在下列横线处依次填写正确内容。

功能:编写给多个学生的成绩评定等级的程序。等级说明:成绩大于等于 90 小于等于 100 是 A 等,小于 90 大于等于 70 是 B 等,小于 70 大于等于 60 是 C 等,小于 60 大于等于 0 是 D 等。

```
#include <stdio.h>
main()
{
    int score;
    scanf("%d",&score);
    if(score>100)printf("分数超出范围！\n");
/* * * * * * * * * * * SPACE * * * * * * * * * * * */
    while(_____)
    {
/* * * * * * * * * * * SPACE * * * * * * * * * * * */
        switch(_____)
        {
            case 10:
            case 9:printf("%d:A 等\n",score);break;
```

```
            case 8:
/ * * * * * * * * * * SPACE * * * * * * * * * * */
            _____:printf("%d:B 等\n",score);break;
            case 6:printf("%d:C 等\n",score);break;
/ * * * * * * * * * * SPACE * * * * * * * * * * */
            _____:printf("%d:D 等\n",score);
       }
/ * * * * * * * * * * SPACE * * * * * * * * * * */
       scanf("%d",_____);
   }
}
```

填空题 23.（25 分,难度系数 0.6）

请在下列横线处依次填写正确内容。

功能:依次输入十个整数,找出其平方最大的一个数并打印出来。

```
#include <stdio.h>
main()
{
/ * * * * * * * * * * SPACE * * * * * * * * * * */
       _____ i;
       float x,y,z=0;
       printf("\n 请输入 10 个数:");
/ * * * * * * * * * * SPACE * * * * * * * * * * */
       for(i=1;_____;i++)
       {
/ * * * * * * * * * * SPACE * * * * * * * * * * */
           scanf("%f",_____);
/ * * * * * * * * * * SPACE * * * * * * * * * * */
           if(_____)
           {
               y=x;
/ * * * * * * * * * * SPACE * * * * * * * * * * */
               z=_____;
           }
       }
       printf("平方最大的一个数是:%f\n",y);
}
```

填空题 24. (25 分,难度系数 0.6)

请在下列横线处依次填写正确内容。

功能:编写程序输入三位数(100~999),然后按数字逆序输出。

例如输入 456 ↙,输出 654。

```
#include <stdio.h>
main()
{
/ * * * * * * * * * * * SPACE * * * * * * * * * * * /
    int _____;
    printf("请输入一个三位正整数:");
/ * * * * * * * * * * * SPACE * * * * * * * * * * * /
    scanf("%d", _____);
/ * * * * * * * * * * * SPACE * * * * * * * * * * * /
    if(_____)
        printf("输入数据有误! \n");
    else
    {
        ge=n%10;
        shi=n/10%10;
/ * * * * * * * * * * * SPACE * * * * * * * * * * * /
        bai=_____;
/ * * * * * * * * * * * SPACE * * * * * * * * * * * /
        printf("此数的逆序输出结果为:%d%d%d\n",_____);
    }
}
```

填空题 25. (25 分,难度系数 0.6)

请在下列横线处依次填写正确内容。

功能:判断 101~200 之间有多少个素数,并以每行 10 个数输出所有素数。

判断素数的方法:用一个数分别去除以 2 到 sqrt(这个数),如果能被整除,则表明此数不是素数,反之是素数。

```
#include <stdio.h>
/ * * * * * * * * * * * SPACE * * * * * * * * * * * /
#include <_____>
main()
{
    int m,i,k,h=0,leap=1;
/ * * * * * * * * * * * SPACE * * * * * * * * * * * /
    for(m=101;_____;m++)
```

```
    {
        k=sqrt(m);
        /* * * * * * * * * * * SPACE * * * * * * * * * * */
        for(i=2;_____;i++)
            if(m%i==0)
            {
                leap=0;
                break;
            }
        if(leap)
        {
            printf("%-4d",m);
            h++;
            /* * * * * * * * * * * SPACE * * * * * * * * * * */
            if(_____)
                printf("\n");
        }
        leap=1;
    }
    /* * * * * * * * * * * SPACE * * * * * * * * * * */
    printf("\nThe total is%d\n",_____);
}
```

填空题 26. (25 分,难度系数 0.6)
请在下列横线处依次填写正确内容。
功能:求 1+2! +3! +…+10! 的和。

```
#include <stdio.h>
main()
{
    /* * * * * * * * * * * SPACE * * * * * * * * * * */
    _____ n,s,t;
    s=0;
    /* * * * * * * * * * * SPACE * * * * * * * * * * */
    t=_____;
    /* * * * * * * * * * * SPACE * * * * * * * * * * */
    for(n=1;_____;n++)
    {
        t * =n;
        /* * * * * * * * * * * SPACE * * * * * * * * * * */
```

```
        s=_____;
    }
/* * * * * * * * * * SPACE * * * * * * * * * * */
    printf("1+2! +3! ... +10! =%f\n",_____);
}
```

填空题 27. (25 分,难度系数 0.6)

请在下列横线处依次填写正确内容。

功能:输入三角形的三个边长,判断能否构成三角形,若能,则利用海伦公式计算该三角形的面积,计算结果保留 3 位小数。当输入 3 个 0 时结束计算。

l=(a+b+c)/2,s=sqrt(l * (l−a) * (l−b) * (l−c))

```
#include <stdio. h>
/* * * * * * * * * * * SPACE * * * * * * * * * * * */
#include<_____>
main()
{
    float a,b,c,s,l;

    while _____
    {
/* * * * * * * * * * SPACE * * * * * * * * * * * */
        scanf("%f,%f,%f", _____);
/* * * * * * * * * * * SPACE * * * * * * * * * * * */
        if(_____) break;
        if(a+b<c || a+c<b || b+c<a)
            printf("该 3 个数据不能构成三角形\n");
/* * * * * * * * * * * SPACE * * * * * * * * * * * */
        _____
        {
            l=(a+b+c)/2.0;
            s=sqrt(l * (l−a) * (l−b) * (l−c));
/* * * * * * * * * * * SPACE * * * * * * * * * * * */
            printf("三角形的面积为:_____\n",s);
        }
    }
}
```

填空题 28. (25 分,难度系数 0.6)

请在下列横线处依次填写正确内容。

功能:编程求解"百钱百鸡问题":公鸡 1 只值 5 元钱,母鸡 1 只值 3 元钱,小鸡 3 只值 1 元钱,求解 100 元钱买 100 只鸡。

```
# include <stdio. h>
/ * * * * * * * * * * * SPACE * * * * * * * * * * * * /
_____
{
    int a,b,c;
    / * * * * * * * * * * * SPACE * * * * * * * * * * * * /
    for(a=1;_____;a++)
        / * * * * * * * * * * * SPACE * * * * * * * * * * * * /
        for(b=1;_____;b++)
            for(c=1;c<=100;c++)
                / * * * * * * * * * * * SPACE * * * * * * * * * * * * /
                if((a+b+c==100)_____(15 * a+9 * b+1 * c _____ 300))
                    printf("公鸡:%4d,母鸡:%4d,小鸡:%4d\n",a,b,c);
}
```

填空题 29.(25 分,难度系数 0.6)

请在下列横线处依次填写正确内容。

功能:下面的程序用来按照档次来判断分数区间。

```
# include <stdio. h>
main()
{
    / * * * * * * * * * * * SPACE * * * * * * * * * * * * /
    _____ x;
    printf("请输入 1~9 的整数:");
    / * * * * * * * * * * * SPACE * * * * * * * * * * * * /
    scanf("%d", _____);
    / * * * * * * * * * * * SPACE * * * * * * * * * * * * /
    _____
    {
        case 9:
            / * * * * * * * * * * * SPACE * * * * * * * * * * * * /
            printf("_____\n");
            break;
        case 8:
            printf(" 80 分\n");
            break;
        case 7:
```

```
            printf(" 70 分\n");
            break;
        case 6:
            printf(" 60 分\n");
            break;
/ * * * * * * * * * * SPACE * * * * * * * * * * /
        _____:
            printf("不及格\n");
    }
}
```

填空题 30.（25 分,难度系数 0.6）

请在下列横线处依次填写正确内容。

功能:输入一个数,如果输入的是正数,显示"输入的数大于零";如果输入是零,显示"输入的数等于零";如果输入小于零,显示"输入小于零"。

```
#include <stdio. h>
main()
{
    float x;
    printf("请输入一个数:");
/ * * * * * * * * * * SPACE * * * * * * * * * * /
    scanf(_____ , & x);
/ * * * * * * * * * * SPACE * * * * * * * * * * /
    if(_____)
        / * * * * * * * * * * SPACE * * * * * * * * * * /
        if(_____)
            printf("输入的数等于零\n");
        else
            / * * * * * * * * * * SPACE * * * * * * * * * * /
            printf("_____\n");
/ * * * * * * * * * * SPACE * * * * * * * * * * /
    _____
        printf("输入的数小于零");
    printf("程序运行结束! \n");
}
```

填空题 31.（25 分,难度系数 0.6）

请在下列横线处依次填写正确内容。

功能:求 1~100 之间自然数的和。

```
/ * * * * * * * * * * * SPACE * * * * * * * * * * * * /
_____ <stdio. h>
main()
{
    int i,sum;
    i=1;
    / * * * * * * * * * * * SPACE * * * * * * * * * * * /
    sum= _____ ;
    / * * * * * * * * * * * SPACE * * * * * * * * * * * /
    while(_____)
    {
        / * * * * * * * * * * * SPACE * * * * * * * * * * * /
        sum=_____ ;
        i++;
    }
    / * * * * * * * * * * * SPACE * * * * * * * * * * * /
    printf(" 1+2+…+100=%d\n",_____);
}
```

填空题 32.（25 分,难度系数 0.6）

请在下列横线处依次填写正确内容。

功能:计算"1−1/2+1/3−1/4+…+1/99−1/100",结果保留 3 位小数。

```
#include <stdio. h>
main()
{
    / * * * * * * * * * * * SPACE * * * * * * * * * * * * /
    int i,_____ ;
    / * * * * * * * * * * * SPACE * * * * * * * * * * * * /
    double _____ ;
    sum=0;
    / * * * * * * * * * * * SPACE * * * * * * * * * * * * /
    for(i=1;_____;i++)
    {
        / * * * * * * * * * * * SPACE * * * * * * * * * * * /
        sum+=_____ ;
        / * * * * * * * * * * * SPACE * * * * * * * * * * * /
        sign=_____ ;
    }
    printf(" sum=%. 3f\n",sum);
}
```

填空题 33.（25 分,难度系数 0.6）
请在下列横线处依次填写正确内容。
功能:输入两个实数,按由小到大的次序输出两数。
＃include ＜stdio. h＞
/ * * * * * * * * * * * SPACE * * * * * * * * * * * * /
_____

{
 / * * * * * * * * * * SPACE * * * * * * * * * * * /
 _____ a,b,t;
 / * * * * * * * * * * SPACE * * * * * * * * * * * /
 scanf("%f,%f",_____);
 / * * * * * * * * * * * SPACE * * * * * * * * * * * /
 if(_____)
 / * * * * * * * * * * SPACE * * * * * * * * * * * /
 {_____;a=b;b=t;}
 printf("%5.2f,%5.2f",a,b);
}

填空题 34.（25 分,难度系数 0.6）
请在下列横线处依次填写正确内容。
功能:输入三个整数 x、y、z,请把这三个数由小到大输出。
＃ include ＜stdio. h＞
main( )
{
 / * * * * * * * * * * * SPACE * * * * * * * * * * * /
 int _____;
 / * * * * * * * * * * * SPACE * * * * * * * * * * * /
 scanf("%d%d%d", _____);
 / * * * * * * * * * * * SPACE * * * * * * * * * * * /
 if(_____)
 {t=x;x=y;y=t;}
 if(x＞z)
 {t=z;z=x;x=t;}
 / * * * * * * * * * * * SPACE * * * * * * * * * * * /
 if(_____)
 {t=y;y=z;z=t;}
 / * * * * * * * * * * * SPACE * * * * * * * * * * * /
 printf("由小到大:%d%d%d\n",_____);
}

填空题 35.（25 分,难度系数 0.6）

请在下列横线处依次填写正确内容。

功能:输出 0～100 以内所有不能被 3 整除的数,每行输出 5 个数。

```c
# include <stdio.h>
main()
{
    /* * * * * * * * * * SPACE * * * * * * * * * * * */
    int i,_____;
    /* * * * * * * * * * SPACE * * * * * * * * * * * */
    for(i=0;_____;i++)
        /* * * * * * * * * * SPACE * * * * * * * * * * * */
        if(_____)
        {
            printf("%d ",i);
            /* * * * * * * * * * SPACE * * * * * * * * * * * */
            _____;
            /* * * * * * * * * * SPACE * * * * * * * * * * * */
            if(_____)printf("\n");
        }
}
```

填空题 36.（25 分,难度系数 0.6）

请在下列横线处依次填写正确内容。

功能:判断 m 是否为素数。

```c
#include <stdio.h>
#include <math.h>
main()
{
    int m,i,k;
    /* * * * * * * * * * SPACE * * * * * * * * * * * */
    scanf("%d",_____);
    /* * * * * * * * * * SPACE * * * * * * * * * * * */
    k=_____ (m);
    /* * * * * * * * * * SPACE * * * * * * * * * * * */
    for(_____;i<=k;i++)
        /* * * * * * * * * * SPACE * * * * * * * * * * * */
        if(m%i==0)_____;
    /* * * * * * * * * * SPACE * * * * * * * * * * * */
    if(_____)
```

```
        printf("%d 是素数\n",m);
    else
        printf("%d 不是素数\n",m);
}
```

填空题 37.（25 分,难度系数 0.6）

请在下列横线处依次填写正确内容。

功能:编写程序,输入一个数字字符('0'~'9')存入变量 c,把 c 转换成它所对应的整数存入 n。

例如:字符'0'所对应的整数就是 0,字符'9'所对应的整数就是 9,然后打印这个字符及对应的整数。

```
/ * * * * * * * * * * * SPACE * * * * * * * * * * * /
# include <_____>
main()
{
    / * * * * * * * * * * * SPACE * * * * * * * * * * * /
    _____ c;
    int n;
    printf(" Please input a char:\n");
    / * * * * * * * * * * * SPACE * * * * * * * * * * * /
    c=_____;
    / * * * * * * * * * * * SPACE * * * * * * * * * * * /
    n=_____;
    / * * * * * * * * * * * SPACE * * * * * * * * * * * /
    printf("%c,%d\n",_____);
}
```

填空题 38.（25 分,难度系数 0.6）

请在下列横线处依次填写正确内容。

功能:编程实现对键盘输入的英文名句子进行加密。

加密方法:当内容为英文字母时用其后第三个字母代替该字母。例如,字母 A 就用字母 D 代替;字母 X 用字母 A 代替),若为其他字符时不变。

```
#include <stdio. h>
main()
{
    char c;
    printf(" Please input a string:");
    / * * * * * * * * * * * SPACE * * * * * * * * * * * /
    while((c=_____)! =_____)
```

```
    {
        /* * * * * * * * * * * SPACE * * * * * * * * * * * */
        if(c>'A' && c<='W' _____ c>='a' && c<='w')
            c=c+3;
        else if(c>='X' && c<='Z' || c>='x' && c<='z')
            /* * * * * * * * * * SPACE * * * * * * * * * * * */
            c=_____;
        /* * * * * * * * * * SPACE * * * * * * * * * * * */
        printf("%c",_____);
    }
    printf("\n");
}
```

填空题 39.(25 分,难度系数 0.6)

请在下列横线处依次填写正确内容。

功能:对输入的任何一个年份判断是否是闰年,将结果输出。

```
#include <stdio. h>
/* * * * * * * * * * * SPACE * * * * * * * * * * * */
_____
{
    int n;
    printf("输入年份:");
    /* * * * * * * * * * SPACE * * * * * * * * * * * */
    scanf("%d", _____);
    /* * * * * * * * * * SPACE * * * * * * * * * * * */
    if(n%4==0 _____ n%100! =0 _____ n%400==0)
        printf("闰年\n");
    /* * * * * * * * * * SPACE * * * * * * * * * * * */
    _____ printf("不是闰年\n");
}
```

填空题 40.(25 分,难度系数 0.6)

请在下列横线处依次填写正确内容。

功能:编制程序要求输入整数 a 和 b,若 a * a+b * b 大于 100,则输出 a * a+b * b 百位以上的数字,否则输出两数平方之和。

```
#include <stdio. h>
main()
{
    int a,b,c,d;
```

```
    printf("请输入两个整数:\n");
    /* * * * * * * * * * SPACE * * * * * * * * * * * */
    scanf("%d,%d",_____);
    printf("你输入的两个数为%d,%d\n",a,b);
    /* * * * * * * * * * SPACE * * * * * * * * * * * */
    c=_____;
    /* * * * * * * * * * SPACE * * * * * * * * * * * */
    if(_____)
    {
        /* * * * * * * * * * * SPACE * * * * * * * * * */
        d=_____;
        printf("a*a+b*b的百位以上的数为%d\n",d);
    }
    else
        /* * * * * * * * * * * SPACE * * * * * * * * * * */
        printf("a*a+b*b=%d\n",_____);
}
```

填空题 41.(25 分,难度系数 0.6)
请在下列横线处依次填写正确内容。
功能:编写程序,求方程 $ax2+bx+c=0$ 的解;输入 a、b、c 的值。

```
#include <stdio.h>
#include <math.h>
main()
{
    float a,b,c,t;
    double x1,x2;
    printf("请由高次到低次顺序输入系数:\n");
    /* * * * * * * * * * * SPACE * * * * * * * * * * * */
    scanf("%f,%f,%f",_____);
    /* * * * * * * * * * * SPACE * * * * * * * * * * * */
    t=_____;
    if(t<0)printf("方程无实根\n");
    /* * * * * * * * * * * SPACE * * * * * * * * * * * */
    if(_____)
    {
        x1=-(b/2/a);
        printf("方程有两个相等实根,x1=x2=%5.2f\n",x1);
    }
```

```
    if(t>0)
    {
        /* * * * * * * * * * * SPACE * * * * * * * * * * * */
        x1=_____;
        x2=_____;
        printf("方程有两个不等实根,x1=%5.2f,x2=%5.2f\n",x1,x2);
    }
}
```

填空题 42. (25 分,难度系数 0.6)

请在下列横线处依次填写正确内容。

功能:求满足 $1+2+3+\cdots+n<500$ 中最大的 n,并求其和。

```
#include <stdio.h>
main()
{
    /* * * * * * * * * * * SPACE * * * * * * * * * * * */
    int _____;
    /* * * * * * * * * * * SPACE * * * * * * * * * * * */
    while(_____)
    {
        /* * * * * * * * * * * SPACE * * * * * * * * * * * */
        _____;
        sum+=n;
    }
    /* * * * * * * * * * * SPACE * * * * * * * * * * * */
    printf(" N=:%d\n",_____);
    /* * * * * * * * * * * SPACE * * * * * * * * * * * */
    printf(" 1+2+3+4+…=%d<500\n",_____);
}
```

填空题 43. (25 分,难度系数 0.6)

请在下列横线处依次填写正确内容。

功能:下面的程序将输入的字符作分类处理:如果是小写字母,那么输出它的大写字母;如果是数字,则输出字符 9,其他字符则输出 #,共计输出 50 个字符后结束。

```
# include <stdio.h>
main()
{
    char c;
    /* * * * * * * * * * * SPACE * * * * * * * * * * * */
```

```
    for(i=1;_____;i++)
    {
        /* * * * * * * * * * *SPACE* * * * * * * * * * */
        c= _____;
        /* * * * * * * * * * *SPACE* * * * * * * * * * */
        if(c>='a'_____ c<='z')
            /* * * * * * * * * * *SPACE* * * * * * * * * * */
            _____ (c-32);
        else if(c>='0'&&c<='9')
            putchar('9');
        /* * * * * * * * * * *SPACE* * * * * * * * * * */
        _____
            putchar('#');
    }
}
```

填空题 44.(25 分,难度系数 0.6)

请在下列横线处依次填写正确内容。

功能:下面是一个计算出租车收费的程序,当里程在 3 千米以内含 3 千米时收费 12 元,超过 3 千米的部分每千米收费 2 元。

```
#include <stdio.h>
main()
{
    int m,n;
    /* * * * * * * * * * *SPACE* * * * * * * * * * */
    scanf("%d",_____);
    /* * * * * * * * * * *SPACE* * * * * * * * * * */
    _____ (m)
    {
        case 1:
        /* * * * * * * * * * *SPACE* * * * * * * * * * */
        _____:
        /* * * * * * * * * * *SPACE* * * * * * * * * * */
        case 3:n=12;_____;
        /* * * * * * * * * * *SPACE* * * * * * * * * * */
        _____:n=(m-3)*2+12;break;
    }
    printf("n=%d",n);
}
```

填空题 45.（25 分，难度系数 0.6）

请在下列横线处依次填写正确内容。

功能：判断两个数的最大公约数。

```
# include <stdio. h>
main()
{
    int a,b,c;
    /* * * * * * * * * * * SPACE * * * * * * * * * * * */
    scanf("%d%d",_____);
    /* * * * * * * * * * * SPACE * * * * * * * * * * * */
    while(_____)
    {
        /* * * * * * * * * * * SPACE * * * * * * * * * * * */
        c=_____;
        /* * * * * * * * * * * SPACE * * * * * * * * * * * */
        a=_____;
        b=c;
    }
    /* * * * * * * * * * * SPACE * * * * * * * * * * * */
    printf("最大公约数为%d",_____);
}
```

填空题 46.（25 分，难度系数 0.6）

请在下列横线处依次填写正确内容。

功能：输入/输出格式的设计。设 a、b 为 int 型变量，x、y 为 float 型变量，c1、c2 为 char 型变量，且设 a=5、b=10、x=3.5、y=10.8,c1='A',c2='B'。为了得到以下的输出格式和结果，请写出对应的 printf 语句。

```
# include <stdio. h>
main()
{
    int a,b;
    float x,y;
    char c1,c2;
    a=5,b=10;
    x=3.5,y=10.8;
    c1='A',c2='B';
    //a=5,b=10,x+y=14.3
    /* * * * * * * * * * * SPACE * * * * * * * * * * * */
    printf(" a=%d,b=_____,x+y= _____\n",a,b,x+y);
```

```
//x－y＝－7.3    a－b＝－5
/＊＊＊＊＊＊＊＊＊＊＊SPACE＊＊＊＊＊＊＊＊＊＊＊/
printf(" x－y=_____ a－b=%d\n",x－y,a－b);
//c1='A' or 65(ASCII) c2='B' or 66(ASCII)
/＊＊＊＊＊＊＊＊＊＊＊SPACE＊＊＊＊＊＊＊＊＊＊＊/
printf(" c1=_____ or %d(ASCII) c2=%c or _____ (ASCII)\n",c1,c1,c2,c2);
}
```

填空题 47.（25 分,难度系数 0.6）

请在下列横线处依次填写正确内容。

功能:输入一个十进制数,将它对应的二进制数的各位反序,形成新的十进制数输出。

Bn:11－11011－11101－113

```
#include <stdio.h>
main()
{
    int n,x,t;
    printf("请输入一个整数:");
    scanf("%d",&n);
    /＊＊＊＊＊＊＊＊＊＊＊SPACE＊＊＊＊＊＊＊＊＊＊＊/
    x=_____;
    /＊＊＊＊＊＊＊＊＊＊＊SPACE＊＊＊＊＊＊＊＊＊＊＊/
    while(_____)
    {
        /＊＊＊＊＊＊＊＊＊＊＊SPACE＊＊＊＊＊＊＊＊＊＊＊/
        t=_____;
        /＊＊＊＊＊＊＊＊＊＊＊SPACE＊＊＊＊＊＊＊＊＊＊＊/
        x=_____;
        n=n/2;
    }
    /＊＊＊＊＊＊＊＊＊＊＊SPACE＊＊＊＊＊＊＊＊＊＊＊/
    printf("新的整数:%d\n",_____);
}
```

填空题 48.（25 分,难度系数 0.6）

请在下列横线处依次填写正确内容。

功能:有 1、2、3、4 个数字,能组成多少个互不相同且无重复数字的三位数? 都是多少? 请补充完整程序部分。

```
#include <stdio.h>
main()
```

```
{
    int i,j,k;
    printf("\n");
    /* * * * * * * * * * * SPACE * * * * * * * * * * * */
    for(i=1;i<=_____;i++)
        /* * * * * * * * * * * SPACE * * * * * * * * * * * */
        for(j=1;_____;j++)
            /* * * * * * * * * * * SPACE * * * * * * * * * * * */
            for(k=1;_____<=4;k++)
            {
                /* * * * * * * * * * * SPACE * * * * * * * * * * * */
                if(_____ && i! =k && _____)/* 确保 i、j、k 三位互不相同 */
                printf("%d,%d,%d\n",i,j,k);
            }
}
```

填空题 49.(25 分,难度系数 0.6)

请在下列横线处依次填写正确内容。

功能:一个整数,它加上 100 后是一个完全平方数,再加上 168 又是一个完全平方数,请问该数是多少?

```
/* * * * * * * * * * * SPACE * * * * * * * * * * * */
#include <_____>
#include <stdio. h>
main()
{
    long int i,x,y,z;
    /* * * * * * * * * * * SPACE * * * * * * * * * * * */
    for(i=1;i<_____;i++)
    {
        /* * * * * * * * * * * SPACE * * * * * * * * * * * */
        x=_____ (i+100);
        /* * * * * * * * * * * SPACE * * * * * * * * * * * */
        y=_____;
        /* * * * * * * * * * * SPACE * * * * * * * * * * * */
        if(_____)
            printf("\n%ld\n",i);
    }
}
```

填空题 50.（25 分,难度系数 0.6）

请在下列横线处依次填写正确内容。

功能:输入某年某月某日,判断这一天是这一年的第几天？

输入日期时的格式为 1999-01-01,方法是判断到该月已经过去了多少天,再加上日期;需要注意的是如果是闰年(年份为 4 的倍数,或者整百年时为 400 的倍数),那么在 3 月起要增加一天。

```
#include <stdio.h>
main()
{
    int day,month,year,sum,leap;
    printf("\n 按照 YYYY-MM-NN 格式输入时间\n");
/ * * * * * * * * * * * SPACE * * * * * * * * * * * * /
    scanf("%d—%d—%d",&year,&month,_____);
/ * * * * * * * * * * * SPACE * * * * * * * * * * * * /
    switch(_____)/ * 先计算某月以前月份的总天数 * /
    {
        case 1:sum=0;break;
        case 2:sum=31;break;
        case 3:sum=59;break;
        case 4:sum=90;break;
        case 5:sum=120;break;
        case 6:sum=151;break;
        case 7:sum=181;break;
        case 8:sum=212;break;
        case 9:sum=243;break;
        case 10:sum=273;break;
        case 11:sum=304;break;
        case 12:sum=334;break;
        default:printf("日期格式不正确");break;
    }
/ * * * * * * * * * * * SPACE * * * * * * * * * * * * /
    sum=_____;
/ * * * * * * * * * * * SPACE * * * * * * * * * * * * /
    if(! (year%4==0 && year%100! =0 || _____))/ * 判断是不是闰年 * /
        leap=1;
    else
        leap=0;
/ * * * * * * * * * * * SPACE * * * * * * * * * * * * /
    if(_____)sum++;
```

```
        printf(" It is the %dth day. ",sum);
    }
```

填空题 51.(25 分,难度系数 0.6)

请在下列横线处依次填写正确内容。

功能:综合考评的题目,学校考核同学的选修课到岗情况,积分规则如下:当到岗一次时得 1 分;到岗 2～3 次,得 2 分;到岗 4～7 次,每次得 1 分;到岗 8～10 次,可以得 8 分;10 次以上,得 10 分;请根据以上规则,完成下面的程序。

```c
#include <stdio. h>
main()
{
    int n,score=0;
    scanf("%d",&n);
/ * * * * * * * * * * * SPACE * * * * * * * * * * * * * /
    if(_____)
    {
/ * * * * * * * * * * * SPACE * * * * * * * * * * * * * /
        switch(_____)
        {
            case 1:score=1;break;
            case 2:
            case 3:score=2;break;//计算 2～3 次得 2 分
            case 4:
            case 5:
            case 6:
/ * * * * * * * * * * * SPACE * * * * * * * * * * * * * /
            _____:score=4;break;//计算 4～7 次得 4 分
            case 8:
            case 9:
/ * * * * * * * * * * * SPACE * * * * * * * * * * * * * /
            case 10:score=8; _____;//计算 8～10 次得 8 分
/ * * * * * * * * * * * SPACE * * * * * * * * * * * * * /
            _____:score=10;//计算 10 次以上的得 10 分
        }
        printf(" score=%d\n",score);
    }
    else
        printf(" n<=0\n");
}
```

填空题 52. (25 分, 难度系数 0.6)

请在下列横线处依次填写正确内容。

功能:企业发放的奖金根据利润提成。利润(I)低于或等于 10 万元时,奖金可提 10%;利润高于 10 万元、低于 20 万元时,低于 10 万元的部分按 10% 提成,高于 10 万元的部分,可提成 7.5%;20 万到 40 万元之间时,高于 20 万元的部分,可提成 5%;40 万到 60 万元之间时,高于 40 万元的部分,可提成 3%;60 万到 100 万元之间时,高于 60 万元的部分,可提成 1.5%;高于 100 万元时,超过 100 万元的部分按 1% 提成,从键盘输入当月利润 I,求应发放奖金总数。

程序分析:请利用数轴来分界、定位,定义时需把奖金定义成长整型。

```c
#include <stdio.h>
  main()
  {
      long int i;
      int bonus1,bonus2,bonus4,bonus6,bonus10,bonus;
      scanf("%ld",&i);
      bonus1=100000 * 0.1;
      /* * * * * * * * * * * SPACE * * * * * * * * * * */
      bonus2=bonus1+_____;
      bonus4=bonus2+200000 * 0.05;
      bonus6=bonus4+200000 * 0.03;
      bonus10=bonus6+400000 * 0.015;
      /* * * * * * * * * * * SPACE * * * * * * * * * * */
      if(_____)
         bonus=bonus1;
      else if(i<=200000)
         bonus=bonus1+(i-100000) * 0.075;
      else if(i<=400000)
         /* * * * * * * * * * * SPACE * * * * * * * * * * */
         bonus=bonus2+_____;
      else if(i<=600000)
         bonus=bonus4+(i-400000) * 0.03;
   /* * * * * * * * * * * SPACE * * * * * * * * * * */
      else if(_____)
         bonus=bonus6+(i-600000) * 0.015;
      /* * * * * * * * * * * SPACE * * * * * * * * * * */
      _____
         bonus=bonus10+(i-1000000) * 0.01;
      printf(" bonus=%d",bonus);
  }
```

填空题 53.（25 分,难度系数 0.6）

请在下列横线处依次填写正确内容。

功能:输出 9×9 口诀。

```
#include <stdio.h>
  main()
  {
      int i,j,result;
      printf("\n");
      /* * * * * * * * * * SPACE * * * * * * * * * * */
      for(i=1;_____;i++)
      {
          /* * * * * * * * * * SPACE * * * * * * * * * * */
          for(j=1;_____;j++)
          {
              /* * * * * * * * * * SPACE * * * * * * * * * * */
              result=_____;
              /* * * * * * * * * * SPACE * * * * * * * * * * */
              printf("%d * %d=_____",i,j,result);/* 乘积左对齐,占 3 位 */
          }
          /* * * * * * * * * * SPACE * * * * * * * * * * */
          printf("_____");/* 每一行后换行 */
      }
  }
```

填空题 54.（25 分,难度系数 0.6）

请在下列横线处依次填写正确内容。

功能:要求输出国际象棋棋盘。8 行 8 列,当行加列的值为偶数时打印黑色方格,否则为两个空格。

```
#include <stdio.h>
  main()
  {
      int i,j;
      /* * * * * * * * * * SPACE * * * * * * * * * * */
      for(i=0;_____;i++)
      {
          /* * * * * * * * * * SPACE * * * * * * * * * * */
          for(_____;j<8;j++)
              /* * * * * * * * * * SPACE * * * * * * * * * * */
              if(_____)
```

```
        / * * * * * * * * * * SPACE * * * * * * * * * * * /
        printf("_____",218,218);
    else
        / * * * * * * * * * * SPACE * * * * * * * * * * * /
        _____;
    printf("\n");
    }
}
```

填空题 55. (25 分, 难度系数 0.6)

请在下列横线处依次填写正确内容。

功能: 打印 10 级楼梯, 同时在楼梯上方打印两个笑脸。

```
#include <stdio.h>
    / * * * * * * * * * * * SPACE * * * * * * * * * * * /
    _____
    {
        int i,j;
        printf("\1\1\n");/ * 输出两个笑脸 * /
        for(i=1;i<11;i++)
        {
            / * * * * * * * * * * SPACE * * * * * * * * * * * /
            for(j=1;_____;_____)
                / * * * * * * * * * SPACE * * * * * * * * * * * /
                printf("_____",218,218);
            / * * * * * * * * * SPACE * * * * * * * * * * * /
            _____;
        }
    }
```

填空题 56. (25 分, 难度系数 0.6)

请在下列横线处依次填写正确内容。

功能: 古典问题: 有一对兔子, 从出生后第 3 个月起每个月都生一对兔子, 小兔子长到第三个月后每个月又生一对兔子, 假如兔子都不死, 问每个月的兔子总数为多少? 每行输出 4 个。

程序分析: 兔子的规律为数列 1, 1, 2, 3, 5, 8, 13, 21…。

```
include <stdio.h>
main()
{
    / * * * * * * * * * * * SPACE * * * * * * * * * * * /
```

```
_____ f1,f2;
int i;
/ * * * * * * * * * * SPACE * * * * * * * * * * * /
f1=1,f2= _____ ;
for(i=1;i<=20;i++)
{
    printf("%ld,%ld,",f1,f2);
    / * * * * * * * * * * SPACE * * * * * * * * * * * /
    if(_____)printf("\n");
    / * * * * * * * * * * SPACE * * * * * * * * * * * /
    f1= _____ ;
    / * * * * * * * * * * SPACE * * * * * * * * * * * /
    f2= _____ ;
}
}
```

填空题 57.(25 分,难度系数 0.6)

请在下列横线处依次填写正确内容。

功能:将一个正整数分解为质因数。例如:输入 90,打印出 90=2 * 3 * 3 * 5。

```
#include <stdio.h>
main()
{
    int n,i;
    printf("\n 请输入一个数:\n");
    scanf("%d",&n);
    printf("%d=",n);
    / * * * * * * * * * * SPACE * * * * * * * * * * * /
    for(_____ ;i<n;i++)
        / * * * * * * * * * * SPACE * * * * * * * * * * * /
        while(_____)//内层循环的目的是将所有的因子打印出来;通过循
环可以把一个数字打印多次
        {
            / * * * * * * * * * * SPACE * * * * * * * * * * * /
            if(_____)
            {
                printf("%d*",i);
                / * * * * * * * * * * SPACE * * * * * * * * * * * /
                n= _____ ;
            }
```

```
        else
/ * * * * * * * * * * SPACE * * * * * * * * * * */
            _____;//如果不是因子,内层循环就没有必要,所以退出后
```
加 1,再做判断
```
        }
        printf("%d",n);
    }
```

填空题 58.(25 分,难度系数 0.6)

请在下列横线处依次填写正确内容。

功能:利用条件运算符的嵌套来完成此题:学习成绩≥90 分的同学用 A 表示,60~89 分之间的用 B 表示,60 分以下的用 C 表示。

```
#include <stdio. h>
    main()
    {
        int score;
/ * * * * * * * * * * SPACE * * * * * * * * * * */
        _____ grade;
        printf(" Please input a score\n");
/ * * * * * * * * * * SPACE * * * * * * * * * * */
        scanf("%d", _____);
/ * * * * * * * * * * SPACE * * * * * * * * * * */
        grade=_____? 'A':(score>=60? _____:'C');
/ * * * * * * * * * * SPACE * * * * * * * * * * */
        printf("_____ belongs to %c",score,grade);
    }
```

填空题 59.(25 分,难度系数 0.6)

请在下列横线处依次填写正确内容。

功能:输入两个正整数 m 和 n,求其最大公约数和最小公倍数。

利用辗除法。

```
#include <stdio. h>
    main()
    {
        int a,b,num1,num2,temp;
        printf("请输入两个数:\n");
        scanf("%d,%d",&num1,&num2);
/ * * * * * * * * * * SPACE * * * * * * * * * * */
        if(_____)/ * 交换两个数,使大数放在 num1 上 * /
```

```
    {
        temp＝num1;
        num1＝num2;
        num2＝temp;
    }
    a＝num1;
    b＝num2;
/＊＊＊＊＊＊＊＊＊＊＊＊SPACE＊＊＊＊＊＊＊＊＊＊＊＊／
    while(_____)/＊利用辗除法，直到 b 为 0 为止＊/
    {

        temp＝a％b;
/＊＊＊＊＊＊＊＊＊＊＊＊SPACE＊＊＊＊＊＊＊＊＊＊＊＊／
        a＝_____;
        b＝temp;
    }
/＊＊＊＊＊＊＊＊＊＊＊＊SPACE＊＊＊＊＊＊＊＊＊＊＊＊／
    printf("最大公约数是:%d\n",_____);
/＊＊＊＊＊＊＊＊＊＊＊＊SPACE＊＊＊＊＊＊＊＊＊＊＊＊／
    printf("最小公倍数是:%d\n",_____);
}
```

填空题 60.（25 分，难度系数 0.6）
请在下列横线处依次填写正确内容。
功能:输入一行字符，分别统计出其中英文字母、空格、数字和其他字符的个数。
程序分析:利用 while 语句，条件为输入的字符不为'\n'。

```
＃include ＜stdio. h＞
  main()
  {
      char c;
/＊＊＊＊＊＊＊＊＊＊＊＊SPACE＊＊＊＊＊＊＊＊＊＊＊＊／
      int _____,space=0,digit=0,others=0;
      printf("请输入一些字符:\n");
/＊＊＊＊＊＊＊＊＊＊＊＊SPACE＊＊＊＊＊＊＊＊＊＊＊＊／
      while(_____)！＝'\n')
      {
/＊＊＊＊＊＊＊＊＊＊＊＊SPACE＊＊＊＊＊＊＊＊＊＊＊＊／
          if(c＞='A' && c＜='Z' _____ c＞='a' && c＜='z')
              letters＋＋;
```

```
        else if(c=='')
            space++;
        /* * * * * * * * * * SPACE * * * * * * * * * * */
        else if(c>='0'_____ c<='9')
            digit++;
        else
            /* * * * * * * * * * * SPACE * * * * * * * * * * */
            _____;
    }
    printf("所有字符中,字母有%d 个,空格有%d 个,数字有%d 个,其他字符
有%d 个\n",letters,space,digit,others);
}
```

填空题 61.(25 分,难度系数 0.6)

请在下列横线处依次填写正确内容。

功能:编程找出 1000 以内的所有完数。

题目:一个数如果恰好等于它的因子之和,这个数就被称为"完数"。例如 6＝1＋2＋3。

```
#include <stdio. h>
main()
{
    int i,j,n,s;
    /* * * * * * * * * * * SPACE * * * * * * * * * * * */
    for(_____;j<1000;j++)
    {
        /* * * * * * * * * * * SPACE * * * * * * * * * * */
        s=_____;
        /* * * * * * * * * * * SPACE * * * * * * * * * * */
        for(i=1;_____;i++)
            /* * * * * * * * * * * SPACE * * * * * * * * * * */
            if(_____)s=s+i;
        /* * * * * * * * * * * SPACE * * * * * * * * * * */
        if(_____)printf("%-20d",j);
    }
}
```

填空题 62.(25 分,难度系数 0.6)

请在下列横线处依次填写正确内容。

功能:一球从 100 米高度自由落下,每次落地后反跳回原高度的一半;再落下,求它在

第 10 次落地时,共经过多少米? 第十次反弹多高?

```
#include <stdio.h>
main()
{
    /* * * * * * * * * * SPACE * * * * * * * * * */
    _____ sn=100.0,hn;
    int n;
    /* * * * * * * * * * SPACE * * * * * * * * * */
    hn= _____;
    /* * * * * * * * * * SPACE * * * * * * * * * */
    for(n=2;_____;n++)
    {
        /* * * * * * * * * * SPACE * * * * * * * * * */
        sn=_____;/* 第 n 次落地时共经过的米数 */
        /* * * * * * * * * * SPACE * * * * * * * * * */
        hn=_____;/* 第 n 次反跳高度 */
    }
    printf("共计运动了%f 米\n",sn);
    printf("第十次弹起%f 米\n",hn);
}
```

填空题 63.(25 分,难度系数 0.6)

请在下列横线处依次填写正确内容。

功能:猴子吃桃问题:猴子第一天摘下若干个桃子,当即吃了一半,还不过瘾,又多吃了一个。第二天早上又将剩下的桃子吃掉一半,又多吃了一个。以后每天早上都吃了前一天剩下的一半零一个。到第十天早上想再吃时,见只剩下一个桃子了。求第一天共摘了多少桃子。

```
#include <stdio.h>
main()
{
    int day,x1,x2;
    /* * * * * * * * * * SPACE * * * * * * * * * */
    day=_____;
    x2=1;
    /* * * * * * * * * * SPACE * * * * * * * * * */
    while(_____)
    {
        /* * * * * * * * * * SPACE * * * * * * * * * */
        x1=_____;/* 第一天的桃子数是第 2 天桃子数加 1 后的 2 倍 */
```

```
/ * * * * * * * * * * * SPACE * * * * * * * * * * */
    x2=_____;
/ * * * * * * * * * * * SPACE * * * * * * * * * * */
    _____;
}
    printf("桃子的总数是%d\n",x1);
}
```

填空题 64.（25 分,难度系数 0.6）

请在下列横线处依次填写正确内容。

功能:给一个不多于 5 位的正整数,要求:求它是几位数;逆序打印出各位数字。

```
#include <stdio.h>
main()
{
    long a,b,c,d,e,x;
    scanf("%ld",&x);
/ * * * * * * * * * * * SPACE * * * * * * * * * * */
    a=_____;/ * 分解出万位 * /
    b=x/1000%10;/ * 分解出千位 * /
/ * * * * * * * * * * * SPACE * * * * * * * * * * */
    c= _____;/ * 分解出百位 * /
/ * * * * * * * * * * * SPACE * * * * * * * * * * */
    d=_____;/ * 分解出十位 * /
    e=x%10;/ * 分解出个位 * /
/ * * * * * * * * * * * SPACE * * * * * * * * * * */
    if(_____)printf(" There are 5,%ld%ld%ld%ld%ld\n",e,d,c,b,a);
    else if(b! =0)printf(" There are 4,%ld%ld%ld%ld\n",e,d,c,b);
    else if(c! =0)printf(" There are 3,%ld%ld%ld\n",e,d,c);
/ * * * * * * * * * * * SPACE * * * * * * * * * * */
    else _____ printf(" There are 2,%ld%ld\n",e,d);
    else if(e! =0)printf(" There are 1,%ld\n",e);
}
```

填空题 65.（25 分,难度系数 0.6）

请在下列横线处依次填写正确内容。

功能:一个 5 位数,判断它是不是回文数。例如 12321 是回文数,个位与万位相同,十位与千位相同。

```
#include <stdio.h>
main()
```

```
{
    long ge,shi,qian,wan,x;
    scanf("%ld",&x);
    /* * * * * * * * * * * *SPACE* * * * * * * * * * * */
    wan=_____;
    /* * * * * * * * * * * *SPACE* * * * * * * * * * * */
    qian= _____;
    /* * * * * * * * * * * *SPACE* * * * * * * * * * * */
    shi=_____;
    /* * * * * * * * * * * *SPACE* * * * * * * * * * * */
    ge=_____;
    /* * * * * * * * * * * *SPACE* * * * * * * * * * * */
    if(_____)/*个位等于万位并且十位等于千位*/
        printf("这是一个回文数\n");
    else
        printf("这不是一个回文数\n");
}
```

填空题 66.（25 分，难度系数 0.6）

请在下列横线处依次填写正确内容。

功能：对输入的整数判断是奇数还是偶数，并给出相应的结果提示。

```
/* * * * * * * * * * * *SPACE* * * * * * * * * * * */
_____<stdio.h>
main()
{
    /* * * * * * * * * * * *SPACE* * * * * * * * * * * */
    int _____;
    printf(" Please input a number:\n");
    /* * * * * * * * * * * *SPACE* * * * * * * * * * * */
    scanf("_____",&x);
    /* * * * * * * * * * * *SPACE* * * * * * * * * * * */
    if(_____)
        printf("%d is odd\n",x);
    else
    /* * * * * * * * * * * *SPACE* * * * * * * * * * * */
        printf("%d is even\n",_____);
}
```

填空题 67.（25 分,难度系数 0.6）

请在下列横线处依次填写正确内容。

功能:下面的程序功能是求 1! ＋3! ＋5! ＋…＋n! 的和。

```
# include <stdio. h>
main()
{
    / * * * * * * * * * * * SPACE * * * * * * * * * * * * /
    _____ int f,s;
    int i,j,n;
    / * * * * * * * * * * * SPACE * * * * * * * * * * * * /
    s= _____ ;
    scanf("%d",&n);
    / * * * * * * * * * * * SPACE * * * * * * * * * * * * /
    for(i=1;i<=n;_____)
    {
        / * * * * * * * * * * * SPACE * * * * * * * * * * * * /
        f=_____;
        for(j=1;j<=i;j++)
            / * * * * * * * * * * * SPACE * * * * * * * * * * * * /
            _____;
        s+=f;
    }
        printf(" n=%d,s=%ld\n",n,s);
}
```

填空题 68.（25 分,难度系数 0.6）

请在下列横线处依次填写正确内容。

功能:由键盘输入三个数,计算以这三个数为边长的三角形面积。

```
# include <stdio. h>
/ * * * * * * * * * * * SPACE * * * * * * * * * * * * /
# include <_____>
/ * * * * * * * * * * * SPACE * * * * * * * * * * * * /
double area(int a, _____)
{
    double s,s1;
    s=(a+b+c) * 0. 5;
    s1=s * (s—a) * (s—b) * (s—c);
    s=sqrt(s1);
    / * * * * * * * * * * * SPACE * * * * * * * * * * * * /
```

```
            _____ s;
}


main()
{
    int a,b,c;
    printf(" Please enter 3 reals:\n");
    scanf("%d%d%d",&a,&b,&c);
    /* * * * * * * * * * * SPACE * * * * * * * * * * */
    if(_____)
    {
        /* * * * * * * * * * * SPACE * * * * * * * * * * */
        printf("\nArea of the triangle is %f\n",_____);
    }
    else
        printf(" It is not triangle! \n");
}
```

填空题 69.（25 分, 难度系数 0.6）
请在下列横线处依次填写正确内容。
功能：计算 1~100 之间的奇数之和及偶数之和。

```
#include <stdio.h>
/* * * * * * * * * * * SPACE * * * * * * * * * * */
_____
{
    /* * * * * * * * * * * SPACE * * * * * * * * * * */
    int n,_____,odd=0;
    /* * * * * * * * * * * SPACE * * * * * * * * * * */
    for(n=1;_____;n++)
    {
        /* * * * * * * * * * * SPACE * * * * * * * * * * */
        if(_____)even+=n;
        /* * * * * * * * * * * SPACE * * * * * * * * * * */
        if(n%2! =0)_____;
    }
    printf(" 1~100 之间的偶数之和为%d\n",even);
    printf(" 1~100 之间的奇数之和为%d\n",odd);
}
```

填空题 70.（25 分，难度系数 0.6）

请在下列横线处依次填写正确内容。

功能：输出 0～100 以内所有不能被 7 整除的数，每行输出 8 个数。

```
/ * * * * * * * * * * * SPACE * * * * * * * * * * * /
_____
main()
{
    / * * * * * * * * * * SPACE * * * * * * * * * * * /
    int i,_____;
    / * * * * * * * * * * SPACE * * * * * * * * * * * /
    for(i=0;_____;i++)
        / * * * * * * * * * * SPACE * * * * * * * * * * * /
        if(_____)
        {
            printf("%3d",i);
            j++;
            / * * * * * * * * * * SPACE * * * * * * * * * * * /
            if(_____)printf("\n");
        }
}
```

填空题 71.（25 分，难度系数 0.6）

请在下列横线处依次填写正确内容。

功能：求 $1-1/2+1/3-1/4+\cdots+1/99-1/100$ 的计算结果。

```
#include <stdio.h>
main()
{
    / * * * * * * * * * * SPACE * * * * * * * * * * * /
    int sign=_____;
    / * * * * * * * * * * SPACE * * * * * * * * * * * /
    int deno= _____;
    float term,sum=0.0;
    / * * * * * * * * * * SPACE * * * * * * * * * * * /
    while(_____)
    {
        / * * * * * * * * * * SPACE * * * * * * * * * * * /
        sign=_____;
        / * * * * * * * * * * SPACE * * * * * * * * * * * /
        term=_____;
```

```
        sum=sum+term;
        deno++;
    }
    printf("%f\n",sum+1);
}
```

填空题 72. (25 分,难度系数 0.6)

请在下列横线处依次填写正确内容。

功能:求 100~200 间的素数,按每行 10 个数打印输出,要求只输出奇数中的素数。

```
# include <stdio. h>
#include <math. h>
main()
{
    int m,root,j,k=0;
    printf("\n");
    /* * * * * * * * * * *SPACE * * * * * * * * * * */
    for(m=101;_____;m+=2)
    {
        /* * * * * * * * * * *SPACE * * * * * * * * * * */
        root=_____;
        for(j=3;j<=root;j++)
            if(m%j==0)
                /* * * * * * * * * * *SPACE * * * * * * * * * * */
                _____;
        if(j>=root+1)
        {
            printf("%d ",m);
            /* * * * * * * * * * *SPACE * * * * * * * * * * */
            _____;
            /* * * * * * * * * * *SPACE * * * * * * * * * * */
            if(_____)
                printf("\n");
        }
    }
}
```

填空题 73. (25 分,难度系数 0.6)

请在下列横线处依次填写正确内容。

功能:有一分数序列"2/1,3/2,5/3,8/5,13/8,21/13…",求出这个数列的前 20 项之和(结果保留两位小数)。

```c
#include <stdio.h>
main()
{
    /* * * * * * * * * * *SPACE* * * * * * * * * * */
    int n,_____;
    /* * * * * * * * * * *SPACE* * * * * * * * * * */
    float a=2,b=1,s=_____,t;
    for(n=1;n<=number;n++)
    {
        s=s+a/b;
        /* * * * * * * * * * *SPACE* * * * * * * * * * */
        t=_____;
        /* * * * * * * * * * *SPACE* * * * * * * * * * */
        a=_____;
        /* * * * * * * * * * *SPACE* * * * * * * * * * */
        b=_____;
    }
    printf(" sum is %.2f\n",s);
}
```

填空题 74.(25 分,难度系数 0.6)

请在下列横线处依次填写正确内容。

功能:从键盘输入一个多位正整数,计算其各位数字之和。例如输入整数 12345,则打印结果为 15。

```c
#include <stdio.h>
main()
{
    /* * * * * * * * * * *SPACE* * * * * * * * * * */
    int i,_____,a;
    /* * * * * * * * * * *SPACE* * * * * * * * * * */
    scanf("%d",_____);
    /* * * * * * * * * * *SPACE* * * * * * * * * * */
    while(_____)
    {
        /* * * * * * * * * * *SPACE* * * * * * * * * * */
        a=_____;
        sum+=a;
        /* * * * * * * * * * *SPACE* * * * * * * * * * */
```

```
        i=_____;
    }
    printf("%d\n",sum);
}
```

填空题 75. (25 分,难度系数 0.6)

请在下列横线处依次填写正确内容。

功能:从键盘输入三个整数,求最大值。

```
#include <stdio.h>
/ * * * * * * * * * * * SPACE * * * * * * * * * * * /
_____
main()
{
    int a,b,c,m;
    scanf("%d%d%d",&a,&b,&c);
    / * * * * * * * * * * * SPACE * * * * * * * * * * * /
    m=max(a,_____);
    printf("最大值是%d",m);
}
/ * * * * * * * * * * * SPACE * * * * * * * * * * * /
int max(_____)
{
    if(m>n)
        / * * * * * * * * * * * SPACE * * * * * * * * * * * /
        _____;
    else
        / * * * * * * * * * * * SPACE * * * * * * * * * * * /
        _____;
}
```

填空题 76. (25 分,难度系数 0.6)

请在下列横线处依次填写正确内容。

功能:下列给定程序中 fun 函数的功能是求表达式 s＝aa…aa－…－aaa－aa－a 的值。

(此处 aa…aa 表示 n 个 a,a 和 n 的值在整数 1～9 之间)

例如,a＝3,n＝6,则上面表达式为:

s＝333333－33333－3333－333－33－3

其值为 296298。

a 和 n 是 fun 函数的形参,表达式的值作为函数值传回 main 函数。

```
#include <stdio.h>
long fun(int a, int n)
{
int j;
long s=0,t=0;
for(j=0;j<n;j++)
/* * * * * * * * * * * SPACE * * * * * * * * * * */
t=_____+a;
s=t;
for(j=1;j<n;j++)
{
/* * * * * * * * * * * SPACE * * * * * * * * * * */
t=_____;
s=s-t;
}
/* * * * * * * * * * * SPACE * * * * * * * * * * */
return (_____);
}
main()
{
int a,n;
printf("\nPlease enter a and n:");
/* * * * * * * * * * * SPACE * * * * * * * * * * */
scanf("%d%d", _____);
/* * * * * * * * * * * SPACE * * * * * * * * * * */
printf(" The value of function is %ld\n", _____);
}
```

填空题 77.（25 分,难度系数 0.6）

请在下列横线处依次填写正确内容。

功能:输入 a、b、c 3 个值,输出其中最大值,要求在子函数里面比较数的大小。

```
#include <stdio.h>
/* * * * * * * * * * * SPACE * * * * * * * * * * */
int mycmp(int a,int b, _____)
{
/* * * * * * * * * * * SPACE * * * * * * * * * * */
int max = _____;
if(max < b) max = b;
/* * * * * * * * * * * SPACE * * * * * * * * * * */
```

```
if(_____) max = c;
/ * * * * * * * * * * * SPACE * * * * * * * * * * * /
return _____;
}
int main()
{
/ * * * * * * * * * * * SPACE * * * * * * * * * * * /
int x1,x2,x3, _____;
printf(" Please input x1 x2 and x3:\n");
scanf("%d %d %d",&x1,&x2,&x3);
mycmp(x1,x2,x3);
max = mycmp(x1,x2,x3);
printf(" max = %d\n",max);
return 0;
}
```

填空题 78.(25 分,难度系数 0.6)

请在下列横线处依次填写正确内容。

功能:下列给定程序中,计算如下公式前 n 项的和,并作为函数值返回。

$$s=\frac{1\times3}{2^2}+\frac{3\times5}{4^2}+\frac{5\times7}{6^2}+\cdots+\frac{(2\times n-1)\times(2\times n+1)}{(2\times n)^2}$$

```
#include <stdio. h>
double fun(int n)
{int  i; double s,t;
/ * * * * * * * * * * * SPACE * * * * * * * * * * * /
s= _____;
/ * * * * * * * * * * * SPACE * * * * * * * * * * * /
for(i=1;i<= _____;i++)
{t=2.0 * i;
/ * * * * * * * * * * * SPACE * * * * * * * * * * * /
s=s+(2.0 * i-1) * (2.0 * i+1)/ _____;
}
/ * * * * * * * * * * * SPACE * * * * * * * * * * * /
return _____;
}
void main()
{int n=-1;
while(n<0)
{printf(" Please input (n>0):");
```

```
scanf("%d",&n);}
/ * * * * * * * * * * * SPACE * * * * * * * * * * * * /
printf("\nThe result is:%f\n", _____);
}
```

填空题 79.（25 分,难度系数 0.6）

请在下列横线处依次填写正确内容。

功能:打印出所有的"水仙花数"。所谓"水仙花数",是指一个三位数,其各位数字立方和等于该数本身。

例如,153 是一个"水仙花数",因为 $153 = 1^3 + 5^3 + 3^3$。

```
#include<stdio. h>
#include<conio. h>
main()
{
/ * * * * * * * * * * * SPACE * * * * * * * * * * * * /
    _____ i,j,k,n;
  printf(" Water flower' number is");
/ * * * * * * * * * * * SPACE * * * * * * * * * * * * /
  for(n=100; _____;n++)
   {
/ * * * * * * * * * * * SPACE * * * * * * * * * * * * /
i=_____;/ * 分解出百位 * /
/ * * * * * * * * * * * SPACE * * * * * * * * * * * * /
j=_____;/ * 分解出十位 * /
/ * * * * * * * * * * * SPACE * * * * * * * * * * * * /
    k=_____;/ * 分解出个位 * /
    if(i * 100+j * 10+k==i * i * i+j * j * j+k * k * k)
      printf("%-5d",n);
   }
  getch();
}
```

填空题 80.（25 分,难度系数 0.6）

请在下列横线处依次填写正确内容。

功能:下列给定程序中,求出以下分数序列的前 n 项之和,各值通过函数值返回。

$$\frac{1}{2},\frac{3}{2},\frac{5}{3},\frac{8}{5},\frac{13}{8},\frac{21}{13}\cdots$$

例如,若 n=5,则应输出 8.391667。

```
#include <stdlib. h>
```

```
#include <conio. h>
#include <stdio. h>
double fun(int n)
{
/ * * * * * * * * * * * SPACE * * * * * * * * * * * * /
int a=2,b=1,c, _____;
double s=0. 0;
for(k=1;k<=n;k++)
{
/ * * * * * * * * * * * SPACE * * * * * * * * * * * * /
s=s+(double) _____;
c=a;
/ * * * * * * * * * * * SPACE * * * * * * * * * * * * /
a= _____;
b=c;
}
return s;
}
void main()
{
/ * * * * * * * * * * * SPACE * * * * * * * * * * * * /
int _____;
printf(" Please input (n>0):");
scanf("%d",&n);
system(" CLS");
/ * * * * * * * * * * * SPACE * * * * * * * * * * * * /
printf("\nThe value of function is:%lf\n",_____);
}
```

参考答案

第1章　C语言发展及开发环境

1.1　C语言发展历史及特点

1	2	3	4	5	6	7	8	9	10	11	12
B	A	B	D	D	A	C	C	D	D	D	A

1.2　C语言程序开发环境 Visual C++ 6.0

1	2	3
A	B	D

第2章　C语言程序设计基础

2.1　数据类型

2.1.1			2.1.2			2.1.3			2.1.4		
1	2	3	1	2	3	1	2	3	1	2	3
B	B	D	B	B	C	D	D	CD	9位	'A'占一个字符，"A"占两个字符	puts()、printf()

2.1.5			2.1.6			2.1.7		
1	2	3	1	2	3	1	2	3
signed（有符号）、un-signed（无符号）、long（长型）、short(短型)	L	x1＝32767, x2＝32767 y1＝32769, y2＝－32767	3.5	D	C	B	A	4

2.2　标识符

2.2.1			2.2.2			2.2.3		
1	2	3	1	2	3	1	2	3
C	B	C	D	A	B	A	A	D

2.3 基本数据的输入与输出

2.3.1			2.3.2			2.3.3		
1	2	3	1	2	3	1	2	3
%3,4	D	12	D	a=123,b=45,c=678	a=12,b=56,c=78	D	A	D

2.4 运算符与表达式

选择题1～34

1～12	A	B	D	D	A	B	D	B	D	D	A	B
13～24	B	A	B	A	C	A	B	D	D	A	B	B
25～34	B	C	A	C	C	D	A	A	B	A		

填空题1～22

1. 1,0   2. 1,0,1,0   3. 2.5   4. a*b! =0 或 a! =0&&b! =0

5. 4,10,6   6. 18,3,3   7. a/(b*c)   8. 0,1,1,0, 1

9. 真 真 假

【解析】&&:真真为真,其余为假。‖:假假为假,其余为真。! 非真即假,非假即真。

10. x=x==0? 1:0

【解析】! x即x为0时! x的值为1;x非0时! x的值为0。

11. x>5‖x<−5 或 abs(x)>5 或 x>5? 1:(x<−5? 1:0)

【解析】x的绝对值大于5,即需要满足 x>5 或 x<−5 两个条件中的任意一个即可。也可以通过abs函数进行计算。

12. 18 19

【解析】k++是先以原值参与计算,再进行自加1,故 y=18,k=19。

13. a 或被除数

【解析】余数的正负符号与被除数相同。

14. 1

【解析】逻辑运算符中! 的优先级最高,因此先进行计算。

15. 2

【解析】在优先级相同的情况下,根据结合律从左向右进行计算。

16. 0 7 1

【解析】位运算时需要转化为二进制,3为11,4为100;逻辑运算时3、4均为非0即为真,故3&&4的值为1。

17. −6

【解析】a++−c+b++即为3−5+(−4)=−6。

18. 1

【解析】&&的优先级高于‖,此题等价于−5‖(5&&3),在C语言中,&&、‖都是先计算左边表达式的值,当左边表达式的值能确定整个表达式的值时,就不再计算右边表达式的值。所以−5为非0,后面是‖(逻辑或)运算,已能确定整个表达式为1,其中5&&3不执行。

19. 28

【解析】首先计算（）中的内容,结果为 a * =14,即 a=a * 14=2 * 14=28。

20.1.0

【解析】虽然 x,y 均为整数,但是由于在运算过程中出现 1.0,故强制转换成了实型。

21. a * b! =0 或者 a! =0&&b! =0

【解析】在 C 语言中不等于的符号为! =,逻辑与为 &&。

22. 4,10,6

【解析】首先计算（）中的内容,结果为 a=10％6=4。

第 3 章　C 语言程序设计初步

3.1　结构化程序设计

1. 把一个复杂问题的求解过程分阶段进行,每个阶段所要处理的问题都要被控制在人们容易理解和处理的范围内。

2. 自顶向下,逐步细化,模块化

3. D

4. A

3.2　C 语言语句

1	2	3	4	5	6
A	A	B	C	C	D

3.3　顺序结构程序设计

1	2	3	4	5	6	7	8	9
B	D	C	C	C	D	"%f%f"	&a,&b	9,11,9,10

3.4　选择结构程序设计

3.4.1　if 语句的格式

1	2	3	4	5	6
A	D	D	D	A	①if(a<b)　②if(b<c)

编程题 7

```
#include <stdio.h>
main()
{ int a,b;
  printf("输入两个整数:");
  scanf("%d,%d",&a,&b);
  if(a*a+b*b>100)
    printf("%d\n",a*a+b*b);
  else
    printf("%d\n",a+b);
}
```

编程题 8
```
# include <stdio. h>
main()
{
    int x,y;
    printf("输入 x:");
    scanf("%d",&x);
    if(x>=5)
        y=20-5*x;
    else
        y=6*x-8;
    printf(" x:%d\ty=%d\n",x,y);
}
```

编程题 9
```
# include <stdio. h>
main()
{
    float x,y;
    printf("输入 x:");
    scanf("%f",&x);
    if(x<10)
        y=x;
    else if(x>=20)
        y=10*x-20;
    else
        y=8*x+6;
    printf(" x=%f\ty=%f\n",x,y);
}
```

编程题 10
```
# include <stdio. h>
main()
{
    int a,b,c,max;
    printf("输入 a,b,c:");
    scanf("%d,%d,%d",&a,&b,&c);
    if(a>b&&a>c)
        max=a;
    else if(b>a&&b>c)
            max=b;
        else
            max=c;
```

```
    printf(" max=%d\n",max);
}
```

3.4.2 if 语句的嵌套
选择题 1. D

编程题 2
```
#include <stdio.h>
#include <math.h>
main ( )
{
float a,b c,d,s;
printf("输入 a,b,c:");
scanf("%f,%f,f%",&a,&b,&c);
if(a+b>c)
   if(a+c>b)
     if(b+c>a)
       {
       d=1/2.0 * (a+b+c);
       s=sqrt(d * (d-a) * (d-b) * (d-c));
       printf("面积=%f\n",s);}
     else
       printf(" b+c<=a,不能构成三角形。\n");
   else
     printf(" a+c<=b,不能构成三角形。\n");
else
   printf(" a+b<=c,不能构成三角形。\n");
}
```

编程题 3
```
#include <stdio.h>
#include <math.h>
main ( )
{
    double x, y;
    scanf("%lf", &x);
    if (x<2)
        y=x;
    else if(x<6)
y=x * x+1;
        else if(x<10)
y=sqrt(x+1);
            else
```

```
y=1/(x+1);
    printf("%lf\n", y);
}
```

编程题 4

```
#include<stdio. h>
#include<math. h>
#include<conio. h>
main()
{
    int a,b,c;
    int D;
    float x,x2;
    printf("\t 求一元二次方程的根\n");
    printf("请连续输入系数 a,b,c,并用","分隔\n");
    scanf("%d,%d,%d",&a,&b,&c);
    D=b*b-4*a*c;
    if (0==D)
    {
    x1=x2=(-b)/(2*a);
    printf("一元二次方程%d*x*x+%d*x+%d=0 的解为%.2f\n",a,b,c,x1);
    }
    else if (D>0)
        {
        x1=(-b+sqrt(D))/(2*a);
        x2=(-b-sqrt(D))/(2*a);
        printf("一元二次方程%d*x*x+%d*x+%d=0 的解为%.2f,%.2f\n",a,b,c,x1,x2);
        }
        else
        printf("该方程无解\n");
}
```

编程题 5

```
#include<stdio. h>
main()
{
int score;
printf("\n 输入一个学生成绩:");
scanf("%d",&score);
if(score>100 || score<0)
    printf("\n 输入错误！");
else
    if(score>=90)
```

```
                    printf(" A");
            else
                if(score>=80)
                    printf(" B");
                else
                    if(score>=70)
                        printf(" C");
                    else
                        if(score>=60)
                            printf(" D");
                        else
                            printf(" E");
}
```

3.4.3 if 语句的应用综合

选择题

1. D   2. A

编程题 3

```
# include <stdio. h>
main ( )
{
    int x;
    scanf("%d", &x);
    if(x%3==0 || x%5==0)
        printf("%d\n",x);
}
```

编程题 4

```
# include <stdio. h>
main()
{
    int a,b;
    printf("输入两个整数:");
    scanf("%d,%d",&a,&b);
    if(a * a-b * b<0)
        printf("%d\n",a * a-b * b);
    else
        printf("%d\n",a-b);
}
```

编程题 5

```
# include <stdio. h>
main()
```

```
{
    float x,y;
    printf("输入 x:");
    scanf("%f",&x);
    if(x>=20)
        y=8*x+3;
    else
        y=40-14*x;
    printf(" x=%6.2f\ty=%6.2f\n",x,y);
}
```

编程题 6

```
#include<stdio.h>
main()
{
    double salary, sum;
    int hour;
    printf("小贺每小时工资是:");
    scanf("%lf", &salary);
    printf("本周工作了多少小时:");
    scanf("%d", &hour);
    if(hour>40)
        sum= 40*salary + 1.5*salary*(hour-40);
    else
        sum = salary*hour;
    printf("小贺本周领工资:%.2lf 元。\n", sum);
}
```

编程题 7

```
#include <stdio.h>
main()
{
    float x,y;
    printf("输入 x:");
    scanf("%f",&x);
    if(x<2)
        y=x;
    else if(x>=10)
        y=2*x+8;
    else
        y=x+8;
    printf(" x=%f\ty=%f\n",x,y);
}
```

编程题 8

```
# include<stdio. h>
main( )
{
char ch;
printf(" Please input a character :");
scanf("%c",&ch);
if(ch>='a'&&ch<='z')
    printf("\n 输入的是小写字母！\n");
else if(ch>='A'&&ch<='Z')
        printf( "\n 输入的是大写字母！\n");
    else if(ch>='0'&&ch<='9')
            printf("\n 输入的是一个数字！\n");
        else
            printf("\n 输入的是其他字符！\n");
}
```

编程题 9

```
# include<stdio. h>
main( )
{ int t,a,b,c,d;
    printf("请输入四个数:");
    scanf("%d,%d,%d,%d",&a,&b,&c,&d);
    printf("\n\n a=%d,b=%d,c=%d,d=%d \n",a,b,c,d);
    if(a>b)
        {t=a;a=b;b=t;}
    if(a>c)
        {t=a;a=c;c=t;}
    if(a>d)
        {t=a;a=d;d=t;}
    if(b>c)
        {t=b;b=c;c=t;}
    if(b>d)
        {t=b;b=d;d=t;}
    if(c>d)
        {t=c;c=d;d=t;}
    printf("\n 排序结果如下：\n");
    printf("%d  %d  %d  %d \n",a,b,c,d);
}
```

3.4.4 switch 语句的格式

1	2	3	4	5	6	7	8	9	10	11	12	13
C	A	B	C	B	B	A	D	A	B	C	C	D

111

3.4.5 switch 语句的应用综合

编程题 1

```
#include<stdio. h>
#define pi 3.14159
main()
{int    k;
 float r,c,a;
 printf(" input r,k\n");
 scanf("%f%d",&r,&k);
 switch(k)
 {case 1：a=pi*r*r;printf(" area=%f\n",a);break;
  case 2：c=2*pi*r;printf(" circle=%f\n",c);break;
  cese 3：a=pi*r*r;c=2*pi*r;printf(" area=%f circle=%f\n",a,c);break;
 }
}
```

编程题 2

```
#include<stdio. h>
main()
{ int a;
  printf("输入 1～6 之间的一个整数:");
  scanf("%d",&a);
  switch(a)
   { case 1:printf(" 1! =%d",1*1);break;
     case 2:printf(" 2! =%d",1*2);break;
     case 3:printf(" 3! =%d",1*2*3);break;
     case 4:printf(" 4! =%d",1*2*3*4);break;
     case 5:printf(" 5! =%d",1*2*3*4*5);break;
     case 6:printf(" 6! =%d",1*2*3*4*5*6);break;
   }
}
```

编程题 3

```
#include<stdio. h>
main()
{
int g,s;
char ch;
printf("输入一个学生的成绩:");
scanf("%d",&g);
s=g/10;
if(s<0 || s>10)
  printf("\n 输入错误");
else
```

```
{switch(s)
  {case 10:
  case 9:ch=' A';break;
  case 8:ch=' B';break;
  case 7:ch=' C';break;
  case 6:ch=' D';break;
  default:ch=' E';}
printf("\n 这个学生的等绩是:%c",ch);
}
}
```

编程题 4

```
#include<stdio. h>
main()
  {int num,a,b,c,d,p;
printf("输入 0~9999 之间的整数:");
  scanf("%d",&num);
  if(num>9999&&num>999)   p=4;
    else if(num>99)   p=3;
        else  if(num>9)  p=2;
              else  if(num>0)  p=1;
  printf("位数是:%d\n",p);
  a=num/1000;
  b=num/100;
  c=num/10;
  d=num;
  switch(p)
      {case 4:printf("%d%d%d%d\n",d,c,b,a);
       case 3:printf("%d%d%d \n",d,c,b);
       case 2:printf("%d%d\n",d,c);
       case 1:printf("%d\n",d);
      }
}
```

第 4 章　循环结构程序设计

4.1　while 语句程序设计

4.1.1　while 语句的格式
选择题
1. D　2. D

填空题
3. 15

4.1.2 while 语句的应用综合
填空题
1. i<＝100   i＋＋
2. s＝0   i<＝101   t＝(－1)＊i
3. i<36   (total＋800)/(1＋0.0012)   i＋＋

4.2 do-while 语句程序设计

4.2.1 do-while 语句的格式
选择题
1. D   2. A   3. C

4.2.2 do-while 语句的应用综合
填空题
1. a＋＋   while(a<＝30)
2. do m＝m＊2.0   while(m<＝8848.13)
3. &&   j%5＝＝0   i<1000

4.3 for 语句程序设计

4.3.1 for 语句的格式
选择题
1. C   2. A   3. D

4.3.2 for 语句的应用综合
填空题
1. i<＝n   i＝i＋1   s＝s＊i
2. s＝0   n<＝20   t＊＝n
3. n<1000   n%10   i＊100＋j＊10＋k＝＝i＊i＊i＋j＊j＊j＋k＊k＊k

4.4 循环的嵌套应用

填空题
1. i<4   j<＝i   j<7－2＊i
2. i<＝10   j<＝4   sum/4
3. break   h%10＝＝0   leap＝1

4.5 break 语句和 continue 语句程序设计

1. A   2. B   3. 3

第5章 函数

5.1 函数定义与声明

1	2	3	4	5	6	7	8
C	A	C	D	C	C	A	D

5.2 函数的一般调用

1	2	3	4	5	6	7	8
D	A	C	B	A	C	A	B

5.3 函数的嵌套调用

B

5.4 全局变量

1	2	3	4	5	6	7	8
A	D	D	C	A	D	D	A

第6章 综合习题

选择题

1．C　　2．C　　3．A

填空题

题号	空 1	空 2	空 3	空 4	空 5
1	m<=1000	k=0	k+n%10	n! =0	i%10==0
2	i<4	k<=2*i+1	printf("*")	j=0	k<5-2*j
3	&x,&y,&z	t=x;x=y;y=t;	t=x;x=z;z=t;	t=y;y=z;z=t;	x,y,z
4	&a,&b	a+b	a-b	a-b	a,b
5	&a,&n	i<=n	tn*10+a	i++	sn
6	#include<stdio. h>	n<1000	n/10%10	n==i*i*i+j*j*j+k*k*k	n
7	char	%f%c%f	op	'/'	default
8	#include<stdio. h>	s=0. 0	i<=50	s+1.0/(i*(i+1))	s
9	sum=0	n<=10	sum+t	t=-t	sum
10	char	getchar()	%c	c1+32	%c
11	a,b,min,max	a>b	min=b	else	min,max
12	a,b,c,m	&a,&b,&c	m=c	m=b	m
13	stdio. h	&x,&y	x! =0&&y! =0	x+y	else
14	o_sum=0	i<=10	i%2==0	J_sum+=i	o_sum,J_sum
15	i<month	switch(i)	break	2	days+day

题号	空 1	空 2	空 3	空 4	空 5
16	20	n<=number	s+a/b	a=a+b	%.2f
17	&i	i>0	i%10	i/10	sum
18	main()	i<10	i*10+6	continue	J
19	x,max,min	&x	x>=0	max=x	&x
20	1	i+=2	count++	count%2==0	j=1
21	i%3==2	i%7==2	j++	j%5==0	while(i<1000)
22	score>0	score/10	case 7	default	&score
23	int	i<=10	&x	x*x>z	z=y*y
24	n,ge,shi,bai	&n	n<100）‖n>999	n/100	ge,shi,bai
25	math.h	m<=200	i<=k	h%10==0	H
26	float	1	n<=10	s+t	s
27	math.h	&a,&b,&c	a==0&&b==0&&c==0	else	%.3f
28	main()	a<=100	b<=100	&&	==
29	int	&x	switch(x)	90 分	default
30	"%f"	x>=0	x==0	输入的数大于零	else
31	# include	0	i<=100	sum+i	sum
32	sign=1	sum	i<=100	1.0/i*sign	-sign
33	main()	float	&a,&b	a>b	t=a
34	x,y,z,t	&x,&y,&z	x>y	y>z	x,y,z
35	j=0	i<100	i%3!=0	j++	j%5==0
36	&m	sqrt	i=2	break	i>k
37	stdio.h	char	getchar()	c-48	c,n
38	getchar()	'\n'	‖	c-23	c
39	main()	&n	&&	‖	else
40	&a,&b	a*a+b*b	c>100	c/100	c
41	&a,&b,&c	b*b+4*a*c	t==0	−(b+sqrt(t))/2/a	−(b−sqrt(t))/2/a
42	n=0,sum=0	sum<500	n++	n-1	sum-n
43	i<=50	getchar()	&&	putchar	else
44	&m	switch	case 2	break	default
45	&a,&b	a%b!=0	a%b	b	b

题号	空 1	空 2	空 3	空 4	空 5
46	%d	%．1f	%．1f	%c	%d
47	0	n！＝0	n%2	x＊2＋t	x
48	i<＝4	j<＝4	k<＝4	i！＝j	j！＝k
49	math．h	100000	sqrt	sqrt	x＊x==i＋100&& y＊y==i＋268
50	&day	month	sum＋day	year%400==0	！leap
51	n>0	n	case 7	break	default
52	100000＊0.75	i<＝100000	（i－200000）＊0.005	i<＝1000000	else
53	i<10	j<＝i	i＊j	%-3d	\n
54	i<8	j=0	(i+j)%2==0	%c%c	printf(" ")
55	main()	j<＝i	j++	%c%c	printf("\n")
56	long	1	i%2==0	f1＋f2	f1＋f2
57	i=2	n！＝0	n%i==0	n/i	break
58	char	&score	score>＝90	'B'	%d
59	num1<num2	b！＝0	b	a	a＊num2
60	letters=0	c=getchar()	‖	&&	others++
61	j=2	0	i<j	j%i==0	s==j
62	float	50	n<＝10	sn＋hn	hn/2
63	9	day>＝1	(x2+1)＊2	x1	day－－
64	x/10000	x/100%10	x/10%10	a！＝0	if(d！＝0)
65	x/10000	x/1000%10	x/10%10	x%10	ge==wan&& shi==qian
66	＃include	x	%d	x%2==1	x
67	long	0	i+＝2	1	f＊＝j
68	stdio．h	int b,int c	return	a＋b>c&& b+c>a&&c＋a>b	area(a,b,c)
69	main()	even=0	n<＝100	n%2==0	odd+＝n
70	main()	j=0	i<100	i%7！＝0	j%8==0
71	1	2	deno<＝100	－sign	sign/(float)deno
72	m<200	sqrt(m)	break	k++	k%10==0
73	number=20	0	a	a＋b	t

题号	空 1	空 2	空 3	空 4	空 5
74	sum＝0	&i	i!＝0	i%10	i/10
75	int max（int m, int n）；	max(b,c)	int m,int n	return m	return n
76	t＝t＊10	t/10	s	&a,&n	fun(a,n)
77	int c	a	max＜c	max	max
78	0	n	a	(t＊t)	fun(n)
79	int	n＜1000	n/100	n/10%10	n%10
80	k	a/b	a＋b	n	fun(n)

武汉市财政学校课程训练体系丛书

C语言课程训练体系

李华风　褚　伟　主编

中国建材工业出版社

图书在版编目(CIP)数据

C 语言课程训练体系/李华风，褚伟主编. --北京：中国建材工业出版社，2020.1
ISBN 978-7-5160-2747-9

Ⅰ.①C… Ⅱ.①李…②褚… Ⅲ.①C 语言—程序设计—中等专业学校—教材 Ⅳ.①TP312.8

中国版本图书馆 CIP 数据核字(2019)第 271183 号

内 容 提 要

本书是根据教育部颁布的中等职业学校计算机类课程教学大纲，结合湖北省 2019 年最新公布的《2019 年湖北省普通高等学校招收中职毕业生技能高考计算机类考试大纲》的要求，以高等教育出版社出版的中等职业教育课程改革国家"十三五"规划教材《C 语言程序设计》为蓝本，以章节教学目标为依据，严格执行大纲的要求，以巩固和提高学生的基本知识和基本技能为目标的习题选编。

本书内容包括：C 语言发展及开发环境，程序设计基础，顺序结构、选择结构、循环结构程序设计，C 语言函数和综合习题。本书按照教材的章节顺序，以节为单位进行编写。每章前面配有知识结构框图和学习要求，每节练习题以选择题和填空题为主，还标明了难度系数。

本书可供中等职业学校的教师和学生使用，特别适用于技能高考冲刺阶段训练。

C 语言课程训练体系

C Yuyan Kecheng Xunlian Tixi

李华风 褚伟 主编

出版发行：中国建材工业出版社
地 址：北京市海淀区三里河路 1 号
邮 编：100044
经 销：全国各地新华书店
印 刷：北京鑫正大印刷有限公司
开 本：787mm×1092mm 1/16
印 张：8
字 数：180 千字
版 次：2020 年 1 月第 1 版
印 次：2020 年 1 月第 1 次
定 价：32.00 元